002

클래식그림씨리즈

자연의 예술적 형상

클래식그림씨리즈 그림이 구축한 문명, 고전으로 만나다

자연의 예술적 형상

Kunstformen der Natur

클래식그림씨리즈 002

초판 1쇄 발행 2018년 1월 30일
초판 2쇄 발행 2020년 4월 1일

지은이 에른스트 헤켈
옮긴이 엄양선
해 설 이정모
펴낸이 김연희
주 간 박세경

펴 낸 곳 그림씨
출판등록 2016년 10월 25일(제2016-000336호)
주 소 서울시 마포구 월드컵북로 400 문화콘텐츠센터 5층 23호
전 화 (031) 955-7473
팩 스 (031) 955-7469
이 메 일 grimmsi@hanmail.net

ISBN 979-11-960678-5-4 04470
ISBN 979-11-960678-4-7 (세트)

이 도서의 국립중앙도서관 출판예정도서목록(CIP)은 서지정보유통지원시스템 홈페이지(http://seoji.nl.go.kr)와 국가자료공동목록시스템(http://www.nl.go.kr/kolisnet)에서 이용하실 수 있습니다.(CIP제어번호: CIP2017033726)

002
클래식그림씨리즈

자연의 예술적 형상

Kunstformen der Natur

에른스트 헤켈 지음
엄양선 옮김
이정모 해설

그림씨

해설

서울시립과학관 관장

이정모

헤켈,
자연과 인간을
하나로 보다

우리가 흔히 에른스트 헤켈이라고 부르는 에른스트 하인리히 필리프 아우구스트 헤켈Ernst Heinrich Philipp August Haeckel(1834~1919)은 그리 오래전 사람이 아니다. 헤켈은 1834년에 태어나서 1919년에 사망했다. 그러니까 1705년의 증기기관과 1752년의 피뢰침 발명, 1774년 산소의 발견, 1789년의 프랑스혁명, 1796년 천연두 백신의 실용화, 1799년부터 1804년에 걸친 알렉산더 폰 훔볼트Alexander von Humboldt(1767~1859)의 전설적인 아메리카 탐험 등은 그가 태어나기 전에 이미 일어난 일들이었다. 그가 스물다섯 살 되던 해인 1859년에는 찰스 다윈Charles Robert Darwin(1809~1882)의 《종의 기원*On the Origin of Species*》이 출간되었으며, 예순한 살이었던 1895년에는 뢴트겐Wilhelm Conrad Röntgen(1845~1923)이 X선으로 자신 아내의 손을 촬영했다. 1865년에 발표되었으나 초야에 묻혀 있던 멘델Gregor Mendel(1822~1884)의 유전법칙이 휘호 더 프리스Hugo Marie de Vries(1848~

1935), 카를 코렌스Carl Erich Correns(1864~1933), 에리히 폰 체르마크Erich Tschermak von Seysenegg(1871~1962)와 같은 유럽 과학자들에 의해 재발견되었던 1900년에는 헤켈이 예순여섯 살 되던 해였다. 또한 헤켈은 죽기 전에 이미 아인슈타인Albert Einstein(1879~1955)의 상대성 이론을 전해 들었다. 이제 그가 세상을 뜬 지 채 100년도 지나지 않았다. 헤켈은 우리와 거의 동시대 사람이다.

헤켈, 생태학 용어를 대중화하다

생물과 환경이 서로 미치는 영향을 연구하는 학문 분야를 '생태학ecology'이라고 한다. '생태학'은 독일어로 'Ökologie'라고 하는데, 1866년에 헤켈이 처음으로 사용하였다. 그는 고대 그리스어로 '사는 곳' 또는 '가정살림'을 뜻하는 'oikos'에 '학문'을 뜻하는 'logos'를 합쳐 'Ökologie'라는 용어를 만든 것이다. 3년 후인 1869년에 헤켈은 생태학을 다음과 같이 정의하였다.

> 생태학이란 자연의 경제에 관한 지식체계다. 동물이 무기 및 유기 환경과 맺는 관계에 대한 고찰을 말하는데, 여기에는 다른 동물과의 직접·간접적인 접촉뿐만 아니라 식물과 맺는 우호적이거나 적대적인 관계도 포함된다. 한마디로 말하자면 생태학은 다윈이 '생존 경쟁 환경'이라고 불렀던 모든 복합적 상호관계에 관한 연구다.

따지고 보면 생태학의 역사는 자연학의 역사와 일치한다. 따라서 그 근원은 아리스토텔레스로 거슬러 올라갈 수 있다. 하지만 구체적인 개념은 훔볼트와 다윈에서 시작한다. 5년간 남아메리카를 탐험하면서 훔볼트는 생태적인 현상을 온도와 고도 같은 물리적인 요소로 환원하는 물리주의를 주창했다. 등온선, 자기적도, 생명그물, 숲의 수분 보유와 냉각효과, 기후대 같은 개념은 일상적으로 사용하는 개념이지만, 이들을 처음 만든 사람이 누구인지 기억하는 사람은 거의 없다. 너무나 당연한 것으로 여기기 때문이다.

스물세 살에 의학박사 학위와 의사면허를 취득한 헤켈은 이후 동물학을 공부하고 47년 동안 비교해부학 교수로 살았다. 그의 주요 연구대상은 방산충(해양성 플랑크톤의 한 무리)을 비롯한 해면동물과 환형동물 같은 무척추동물이었으며 지중해가 그의 주요 연구 장소였다. 그는 150여 종의 방산충을 비롯하여 1천여 종의 생명을 처음 발견하고 명명命名하였다. 헤켈은 연구 성격상 여행을 자주 할 수밖에 없었는데 1866~1867년의 여행에서는《종의 기원》으로 자연선택에 의한 진화이론을 세상에 알린 다윈,《지질학 원리*Principles of Geology*》로 격변설이란 오래된 설화를 깨뜨린 지질학자 찰스 라이엘Charles Lyell(1797~1875), 뛰어난 동물학자이자 다윈의 불독을 자처한 토머스 헉슬리Thomas Henry Huxley(1825~1895)를 만났다. 여행의 결과 그는 19세기 과학자 중 가장 논쟁적인 인물이 되었다.

헤켈은 다윈의 영향을 크게 받았다. 다윈은 목적론을 거부하고 개체군이나 종의 운명은 우연적인 요소에 의해 결정된다고 주장했다. 또한, 다윈과 헤켈은 신이 자연을 조정한다는 자연신학자들의 이론을 완전히 무시했다. 헤켈은 '생태학'이라는 용어를 대중화시켰고, 자연사에서 '생태학'을 명시적으로 사용한 다윈과 암묵적으로 결부시킨 린네Carl von Linné(1707~1778)는 생태학의 지위를 확고하게 했다. 현대 사회에서 생태학은 가장 중요한 학문 가운데 하나로 꼽힌다. 하지만 헤켈이 생태학의 주창자라는 사실은 거의 알려져 있지 않다. 훔볼트와 마찬가지로 헤켈도 너무나 당연한 사실을 알려주었기 때문이다.

헤켈, 발생반복설을 주장하다

현미경을 발명한 레벤후크Antonie van Leeuwenhoek(1632~1723)가 1680년에 인간의 정액에서 정자를 발견하였지만, 정자가 독립적인 세포이며 수컷의 생식세포라는 사실은 1841년에야 알려졌으며 난자가 세포라는 사실은 1852년에야 밝혀졌다. 당시에는 세포분화라는 개념이 없었으며, 세포분화를 결정하는 유전물질이 염색체 안에 있다는 사실이 확실해진 것은 1870년대에 들어서였다.

1870년대 말엽에 이르자 모든 동물에서 똑같은 배엽, 즉 내배엽, 중배엽, 외배엽이 같은 기관을 형성하는지에 대한 연구가 시작되었다. 연구자들은 분화하는 수정란의 각 배엽에서 일부를 떼어내어 배아의 다른 부분이나 배양된 다른 조직에 이식했다. 이 경우 배아 발생 양태가 정상적인 위치에 있을 때와는 종종 달랐다. 예를 들어 분리된 외배엽을 별도로 조직 배양하면 정상적인 경우에 발생

하는 신경조직의 분화는 관찰할 수 없었다. 배엽들이 발생과정 동안 자신의 본래 역할을 그대로 지니는 것이 아니라는 사실이 밝혀진 것이다. 배아세포들은 이리저리 자리를 옮겨 다닌다는 사실도 밝혀졌다. 화학물질의 자극에 의해 세포들이 옮겨지는 경우도 있는데 이러한 현상을 유도induction라고 한다. 세포분화를 유도하는 조직이 발산하는 화학신호가 무엇이든지 간에 유발현상은 척추동물의 분화에 주요한 역할을 한다.

1820년대에는 '자연의 계단' 또는 '존재의 대大사슬'이라는 사고가 당시 생물학자들에게 지배적이었다. 물고기에서 인간에 이르기까지 모든 동물들은 생명의 완성도에 따라 각기 다른 지위가 있으며, 또한 완성도에 따라 성체 동물들을 배열하는 것처럼 동물의 배아도 같은 순서로 배열할 수 있을 것이라고 생각했다. '배아도 완성도가 가장 낮은 단계에서 시작해서 점차 단계를 높여 가는 순서로 진행하지 않겠는가?' 확실히 배아에 나타나는 아가미의 흔적은 물고기 단계를 나타내고, 또 그 이전 단계의 배아에서는 더 원시적인 동물의 흔적을 엿볼 수 있었다. 1849년 과학잡지《사이언티픽 아메리칸*Scientific American*》에는 "발생 시기에 있는 박쥐, 새, 혹은 뱀을 주고서 어느 배아가 어떤 동물의 배아인지 구분하거나 또는 박쥐와 뱀의 배아를 구분할 수 있으면 구분해 보라고 감히 요구할 수 있을 정도로 배아들은 서로 닮아 있다"라는 기사가 실렸다.

이런 토대에서 '발생반복설'이 제시되었다. 발생반복설은 "개체발생 과정에서 생명체는 그들의 조상들이 겪었던 계통발생 과정을 그대로 보여 준다"고 정리된다. 19세기 초반의 발생반복주의자

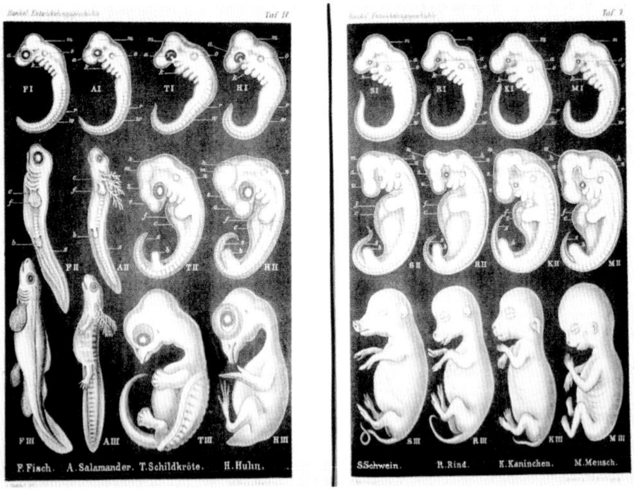

그림 1. '헤켈의 발생반복설'이란 제목으로 교과서에 실린 그림.

들에게 개체발생이란 단순한 것에서 복잡한 형상으로 옮겨 가는 과정이었다. 이는 당연히 신의 의도에 따른 것이었고, 그들에게 발생반복은 신이 자신의 의도를 구현하는 목적론적 현상이었다.

하지만 발생반복은 모든 생물 종은 하나의 공통조상에서 유래한다는 다윈 이론의 증거가 될 수도 있었다. 그러나 19세기 발생반복주의자들은 결코 다윈을 받아들일 수 없었다. 하지만 헤켈은 달랐다. 1859년 다윈의 《종의 기원》이 발간되자마자 헤켈은 '개체발생은 계통발생을 반복한다'는 '생물 유전의 기본 법칙'을 선포했다.

헤켈의 선언은 수많은 비교발생학자들의 주목을 끌었고 그들은 모든 대상에서 헤켈의 주장이 옳다고 확신했다. 19세기 말의 십여 년 동안 발생학은 그야말로 발생반복의 증거에서 공통조상의 흔적을 찾는 학문이 되었다. 심지어 다윈도 "《종의 기원》을 쓰기 전에 헤켈의 책이 먼저 나왔다면, 나는 집필을 결코 끝내지 못했을 것이다"라고 헤켈을 칭송했을 정도다. 헉슬리, 다윈과 마찬가지로 헤켈은 계통반복설을 통해 '인간은 원숭이와 같은 조상에서 진화한 것'이라고 결정적으로 증명함으로써 인간을 동물의 계통수系統樹 위에 놓았다.《성서》와 당시 대부분의 철학자들이 주장하던 인간중심적 전통을 실질적으로 끝낸 것이다.

그러나 헤켈의 발생반복설은 이제 더 이상 인정받지 못한다. '헤켈의 발생반복설'이란 제목으로 교과서에도 실렸던 그림(그림 1)은 사기로 판명되었다. 헤켈의 그림은 정확하지 않았다. 헤켈은 어떤 새나 포유동물도 정확히 물고기와 똑같은 발생과정을 거치는 게 아니라는 사실을 잘 알고 있었다. 배아에서 상당한 차이가 있음을 알았지만 헤켈은 이를 무시하였고, 의도는 알 수 없지만 결과적으로는 숨긴 것이 되었다. 그러자 (과학과는 아무런 상관도 없는) 창조과학자들은 헤켈을 '진화론의 전도사이며 속임의 사도'로 표현하면서 진화이론을 공격하는 강력한 무기로 사용하고 있다. 헤켈의 그림이 틀린 것은 사실이지만 그렇다고 해서 헤켈의 실수가 창조론자들의 이론적 배경이 될 수는 없다. 헤켈 그림의 부정확성이 밝혀졌을 때, 그 어떤 과학자도 헤켈을 변호하지 않았다. 과학자들은 하루아침에 예전의 것을 과감히 버리고 수정된 버전을 사용하기 시작했다. 그렇게 과학은 자기 스스로를 교정하면서 발전한다.

헤켈, 《자연의 예술적 형상》을 탄생시키다

생체모방학bionics에 토대를 둔 포장과 장식에는 전통의 뿌리가 있다. 그 뿌리의 근원은 예술가 에른스트 헤켈이다. 헤켈은 1899년부터 1904년까지 6년에 걸쳐서 《자연의 예술적 형상*Kunstformen der Natur*》(전 10권)을 출간하였는데(18쪽의 서문이 헤켈이 처음 책을 출간할 때 쓴 글이다), 각 권에는 도판이 10쪽씩 실려 있다. 헤켈은 특히 자신이 정통했던 방산충을 비롯해 믿을 수 없을 정도로 다양한 해양생물을 환상적인 필체로 그려 각 그림마다 설명을 붙였다. '격자형 껍데기의 장식'이란 항목에서 헤켈은 "방산충의 격자형 껍데기는 아라비아의 건축양식과 견준다"라고 설명했다.

150년이 지난 지금까지 그 누구도 더 멋지게 표현하지 못한 헤켈의 해양 미생물 그림은 아돌프 길치Adolf Giltsch(1852~1911)가 뛰어난 기법의 석판화로 인쇄했다. 헤켈과 길치는 19세기 후반의 디자인 특징을 채용하여 생명체의 경이로운 행태를 표현했는데, 그의 화풍은 과학자와 일반 대중뿐만 아니라 당대의 예술가들에게도 큰 영향을 끼쳤다. 헤켈이 "생명체의 아름다운 형상을 우리가 발견함으로써 우리 세대에게 완전히 새로운 미적 감각을 일깨워 주었고, 동시에 그림과 조각에 새로운 기풍new tone을 불어 넣었다"라고 자신의 영향력에 대해 자화자찬하기도 했다.

헤켈이 말한 '새로운 기풍'의 예술 사조란 '새로운 미술'을 뜻하는 프랑스의 '아르 누보art nouveau' 또는 '《유겐트*Jugend*》(젊음)'라는 잡지명에서 유래한 '청춘 양식'을 뜻하는 독일의 '유겐트슈틸Jugendstil'을

그림 2. 1900년 파리 박람회장 주 출입구. 프랑스 건축가 르네 비네의 작품이다. 르네 비네는 에른스트 헤켈의《자연의 예술적 형상》에 실린 방산충(Tafel 31의 6번)에서 모티브를 얻었다.

말한다. 이들은 현대 물리학의 태동기에 해당하는 1890~1905년에 전성기를 누렸다. 이 새로운 기풍은 19세기 아카데미 예술에 대한 반작용으로, 꽃이나 식물 덩굴 같은 자연물에서 따온 장식적인 곡선을 특징으로 삼으며, 가구에서 건축물에 이르기까지 생활과 관련된 모든 부분에서 예술적으로 작용한다.

헤켈의 형태는 건축에서도 만날 수 있다. 프랑스 건축가 르네 비네René Binet(1866~1911)는 헤켈의 그림을 토대로 1900년 파리 만국박람회장의 입구(그림 2)를 고안해 냈다. 다음은 1899년 3월 21일 춘분에 비네가 헤켈에게 쓴 편지 내용이다.

> 저는 약 6년 전부터 파리 박물관의 도서관에서 탐사 여행에 관한 수많은 책을 연구했습니다. 선생님의 작품 덕분에 방산충을 비롯한 다양한 미생물에 관한 도판을 모을 수 있었지요. 그리고 예술적인 관점에서 세심하게 조사하였습니다. 저의 주 관심은 건축과 장식이죠. 현재 저는 1900년의 박람회를 기념하는 주 출입구 작업에 매달려 있습니다. 그리고 전체적인 구성에서부터 세세한 부분까지 모든 것에 영감을 불어 넣은 것은 바로 선생님의 작품이었습니다.

《자연의 예술적 형상》에 실려 있는 헤켈과 길치의 컬러 그림과 흑백 그림은 매우 아름답다. 그 아름다움의 근원은 자연의 시각적 질서이다. 헤켈은 방산충, 해파리, 달팽이, 조개, 규조류, 식물의 씨앗에서 자연의 시각적 질서를 보여 준다. 헤켈이 본 자연 질서의 본질은 바로 대칭성이다. 결국 헤켈의 사고의 근원은 플라톤 같은 기원전 4세기 아테네의 철학자들에 있는 것으로 보인다.

헤켈은 모든 형태의 자연이 성스럽다고 봤다. 헤켈에 따르면 생명이 깃들어 있든 아니든 모든 것에는 영靈이 스며들어 있기 때문이다. 무기물에는 결정crystal 영혼이 있고, 생명체에는 세포 영혼에서 포유류의 의식에 이르기까지 다양한 수준의 영이 있다. 따라서 헤켈의 신은 어떤 물리적인 실체가 아니다. 무기물과 모든 생명체의 영이 합쳐지고, 모든 원자의 형상이 합쳐지고, 진공을 채우고 있는 에테르의 진동이 합쳐진 게 바로 신이다. 이런 점에서 본다면 헤켈의 사고의 근원은 데모크리토스(B. C. 460?~B. C. 370?)와 같은 기원전 6세기 이오니아의 원자론자들에게 있다.

자연과 인간을 하나로 보는 시각은 생태학을 탄생시키는 데 유익했다. 《자연의 예술적 형상》은 예술사적인 측면뿐만 아니라 과학적인 측면에서도 여전히 유효하다. 담자균류나 규조류를 해설하는 책들은 여전히 헤켈의 그림을 인용하고 있다.

Kunstformen der Natur

von

Ernst Haeckel

Leipzig und Wien
Bibliographisches Institut

서문

1899년 2월 16일

예나에서

에른스트 헤켈

엄양선 옮김

자연은 자신의 품 안에서 놀랄 만큼 멋진 형상들을 지칠 줄 모르고 만들어 낸다. 그 아름다움과 다양성은 인간이 만든 모든 예술형태를 훨씬 뛰어넘는다. 인간의 조형예술이 모방과 변형의 대상으로 삼았던 자연의 산물들은 당연히 그 사람이 살면서 끊임없이 접했던 비교적 고등 동식물군에 속하는 생물들, 특히 꽃식물(종자식물)과 척추동물 들이다.

그러나 하등생물들의 어마어마하게 큰 세계는 대다수의 사람들에게 전혀, 또는 거의 알려지지 않았다. 이런 생물은 바다 깊숙이 살거나 크기가 너무 작아 맨눈으로는 알아볼 수조차 없기 때문이다. 숨겨진 이 자연의 아름다움은 대부분 19세기에 시작된 연구를 통해서 비로소 드러나게 되었다.

특히 원생생물이나 생명체 전체가 단 하나의 세포로 이루어진 단세포 생물들의 세계에는 독특하고 신기한 형태들이 무궁무진

하다. 이런 원생동물 가운데 방산충, 유공충, 적충류가 있고 원생식물에는 규조류, 와편 모조류 등이 있다. 이 단세포 생물들의 장식적이고 환상적인 수많은 형태를 우리는 근대에 들어서 성능이 좋아진 현미경, 세밀해진 관찰방식, 계획적인 해양연구를 통해서 비로소 볼 수 있게 되었다. 이러한 발전 덕분에 인접 학문 분야에서 풍부한 발견도 이루어졌고 그것을 발판삼아 우리는 하등생물들의 여러 기관을 확대해서 그림으로 형상화할 수 있었다. 이러한 하등식물 가운데는 조류藻類·버섯류·이끼류가 있고, 강장동물 가운데는 히드라·산호충·해파리가 있다.

이런 아름다운 형태의 기관을 그린 기존의 그림들은 대부분 희귀하고 값이 비싼 책 속에 숨어 있어 대중이 접하기 어렵다. 하지만 이제 숨어 있는 보물들을 이 책《자연의 예술적 형상》을 통해 세상에 내놓아 예술과 자연을 좋아하는 더 많은 친구들에게 보여 주려 한다.

아주 어렸을 적 살아 있는 존재들의 형태에 매료된 이래, 그리고 약 반세기 동안 애정을 갖고 형태학 공부를 하면서 나는 생물의 형상화와 발달 법칙을 인식하려고 애썼을 뿐 아니라, 그것들을 스케치하고 그림으로 그리면서 그 아름다움의 비밀에 더 깊이 빠져들었다. 45년에 걸쳐 수많은 여행을 하면서 나는 유럽의 모든 나라와 해안을 알게 되었고 북아프리카와 남아시아의 흥미로운 해안에서도 오랫동안 작업해 왔다. 자연을 찾아 떠난 이 연구여행에서 스케치했던 수천 개의 그림들은 이미 출간된 연구서에 실려 있다. 그 나머지 일부를 이번 기회에 대중들에게 내놓고자 한다. 그 밖에 앞으로 수많은 문헌 가운데 가장 아름답고 미학적 가치가 높은 형태를 선별해서 모아 출간하려고 한다. 처음 발간되는 몇 권의 반응이 좋으면 나중에 고등 동식물 세계의 더 희귀하고 덜 알려진 아름다움을 알리는 책도 발간할 것이다.

《자연의 예술적 형상》 가운데 도판 50개(10개씩 5권)가 출간된다. 각각의 도판에는 설명서가 첨부될 것이다. 이번에는 한꺼번에 여러 권을 출간하기로 계획되어 있다. 그래서 바라건대 10권(도판 100개)이 완성된 뒤에는 작품 전체의 머리글을 붙여, 전체 형태 그룹의 체계적 규칙을 설명하고, 더 나아가 예술적 형태에 관한 미학적 설명과 해당 문헌의 주요 출처를 표기할 수 있을 것이다.

근대 조형예술과 대단히 융성한 예술산업은 이 진정한《자연의 예술적 형상》에서 더욱 새롭고 더욱 아름다운 모티브를 풍부하게 발견하게 될 것이다. 이것들을 한 데 모아 발간하면서 나는 스스로 실제 존재하는 자연의 산물들을 충실하게 재현하는 데 집중하였고, 양식의 변형과 장식적 평가는 예술가들에게 맡긴다.

대상들을 예술적으로 완성하고 자연에 충실한 동판화로 제작하는 데는 나의 진정한 동료 예나대학의 아돌프 길치에게 충심으로 감사한다. 그가 보여 준 과제에 대한 열렬한 관심과 형태학에 관한 그의 지식, 그리고 예술적 재능 덕분에 내가 오랫동안 계획했던 이 작업이 마침내 원하던 형태로 이루어질 수 있었다.

그 밖에 내 계획에 물질적·정신적 지원을 아끼지 않았으며 자연과학의 열렬한 친구이자 희생을 마다하지 않는 후견인 바젤대학의 파울 폰 리터Paul von Ritter박사에게도 진심으로 감사를 전한다. 파울 폰 리터 박사는 1886년 예나대학에 '파울 폰 리터 계통발생 동물학 재단'을 설립했을 때 재단의 자금이 학문적 연구와 연구여행 지원뿐만 아니라, 대중들이 자연의 아름다움과 멋진 작품에 관심을 가질 수 있게 하는 데에도 쓰이길 바란다는 소망을 표명했다. 자연 어느 곳에나 숨어 있는 미학적 향유와 고귀한 인식의 근원은 점점 더 많이 밝혀져서 많은 사람들의 교육을 위한 공동 자산으로 공유되어야 한다.

이런 의견을 라이프치히의 출판사 '서지 연구소Bibliographische Institut'도 받아들여 비용이 많이 드는 작업과 도판의 출판을 떠맡아 주었다. 출판사의 희생과 노고에도 최상의 감사를 보낸다. 《자연의 예술적 형상》을 알리는 동시에 우리 주변을 둘러싼 훌륭한 형상세계에 대한 예술적·학문적 관심을 일깨우고 촉진하고자 하는 우리의 공동 취지가 이루어지길 기원한다.

그림 제목과 관련한 일러두기

1 헤켈은 각 그림에 생명체의 학명을 기록하였습니다. 그러나 기록된 학명은 오늘날 통용되는 학명에 비추어 다른 게 상당히 많습니다. 그런 까닭에 정확한 학명을 기록하기 어렵습니다. 편집 과정에서 독자 여러분께서 그림을 이해하실 수 있도록 가능한 수준에서 제목을 달았습니다만 학술적으로 공인된 것은 아니라는 사실을 알려드립니다.

2 그림을 보시면 아시겠지만 한 쪽(페이지)의 그림에도 여러 가지 생명체가 혼재된 경우가 많습니다. 그래서 하나의 생명체 명칭이 아니라 생명 분류학상의 단위로 기재한 경우가 대부분임을 전합니다.

3 과학적 성과는 최근에도 이루어지고 있습니다. 그런 까닭에 이 책에 기록된 내용은 가능한 수준에서 과학적 성과를 반영하였다는 한계를 가지고 있습니다.

4 본래 명칭을 가능하면 우리말로 옮겨 적고자 하였습니다. 그런 작업을 하는 과정에서 분명 여러 오류가 범해졌을 것입니다. 그렇지만 이 책은 학술서가 아닌 까닭에 가능하면 많은 독자 여러분께서 그림이 품고 있는 뜻을 이해하시기를 바라는 마음에서 이렇게 기재하였음을 알려드립니다.

차례

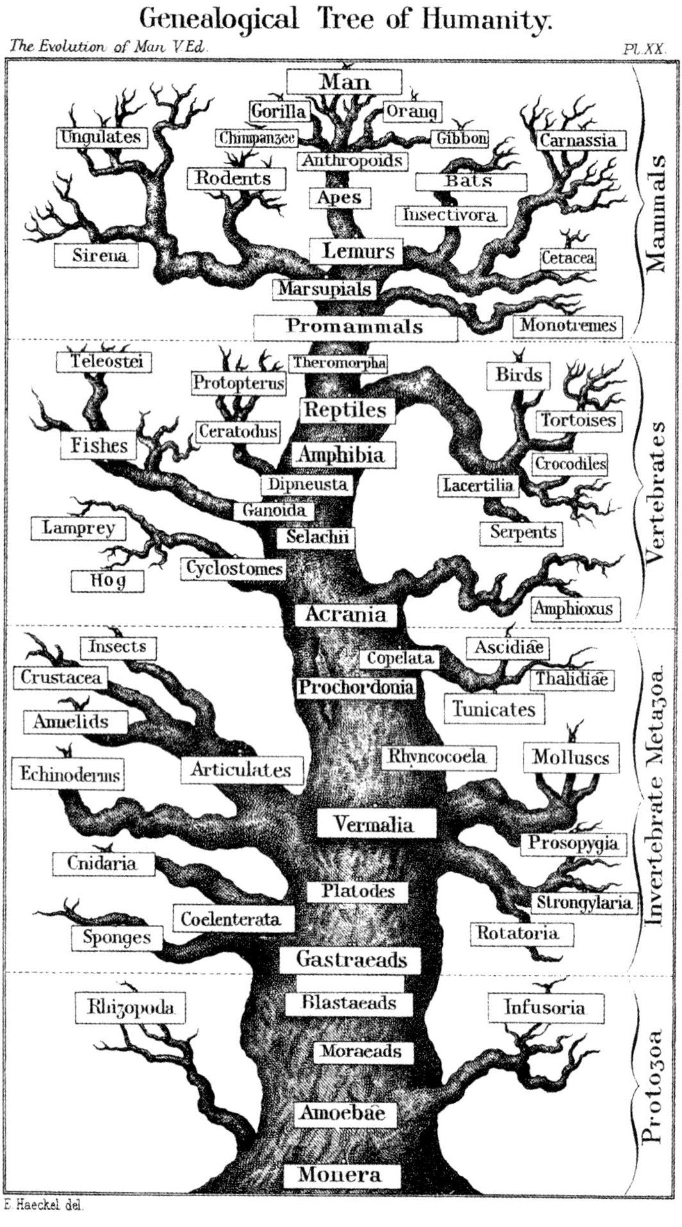
Genealogical Tree of Humanity.
The Evolution of Man V Ed.
Pl. XX.
Man
Gorilla
Orang
Chimpanzee
Gibbon
Ungulates
Carnassia
Anthropoids
Rodents
Bats
Apes
Insectivora
Sirena
Lemurs
Cetacea
Marsupials
Promammals
Monotremes
Mammals
Teleostei
Theromorpha
Protopterus
Birds
Reptiles
Tortoises
Ceratodus
Fishes
Amphibia
Crocodiles
Dipneusta
Lacertilia
Ganoida
Lamprey
Selachii
Serpents
Cyclostomes
Hog
Acrania
Amphioxus
Vertebrates
Insects
Ascidiae
Crustacea
Copelata
Thalidiae
Prochordonia
Tunicates
Annelids
Rhyncocoela
Molluscs
Echinoderms
Articulates
Vermalia
Prosopygia
Cnidaria
Platodes
Strongylaria
Coelenterata
Sponges
Rotatoria
Gastraeads
Invertebrate Metazoa.
Blastaeads
Rhizopoda
Infusoria
Moraeads
Amoebae
Monera
Protozoa
E. Haeckel del.

에른스트 헤켈의 계통수

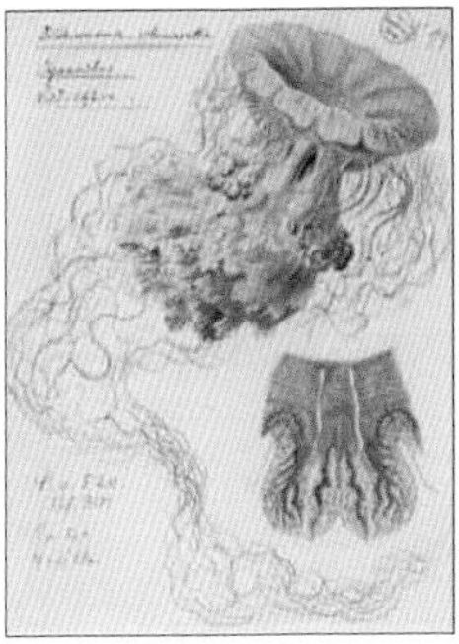

헤켈의 노트에 있는
해파리류Desmonema의 원래
스케치

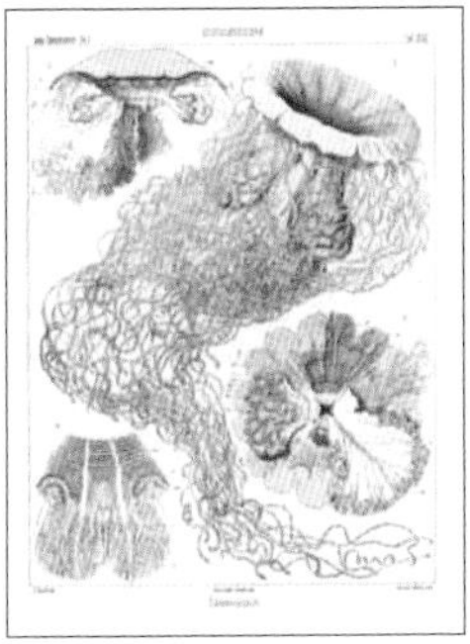

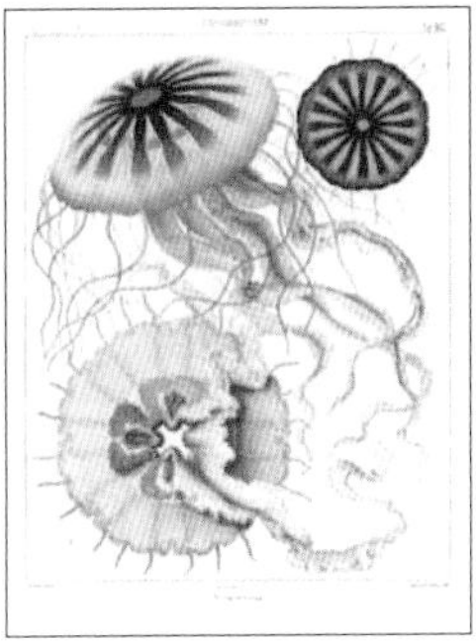

1879년 발행된《해파리 체계System der Medusen》에 실린,
길치가 제작한 석판화(30번과 31번)

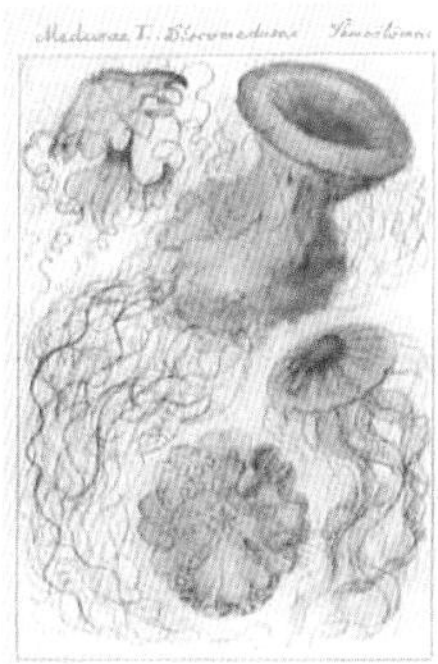

30번과 31번을 합쳐 헤켈이
재수정한 레이아웃

《자연의 예술적 형상》에 실린 최종 석판화

Tafel 8 해파리류Desmonema의 그림 완성 과정

Tafel 1. Circogonia.

Phaeodaria. Rohrstrahlinge.

흑공낭충류

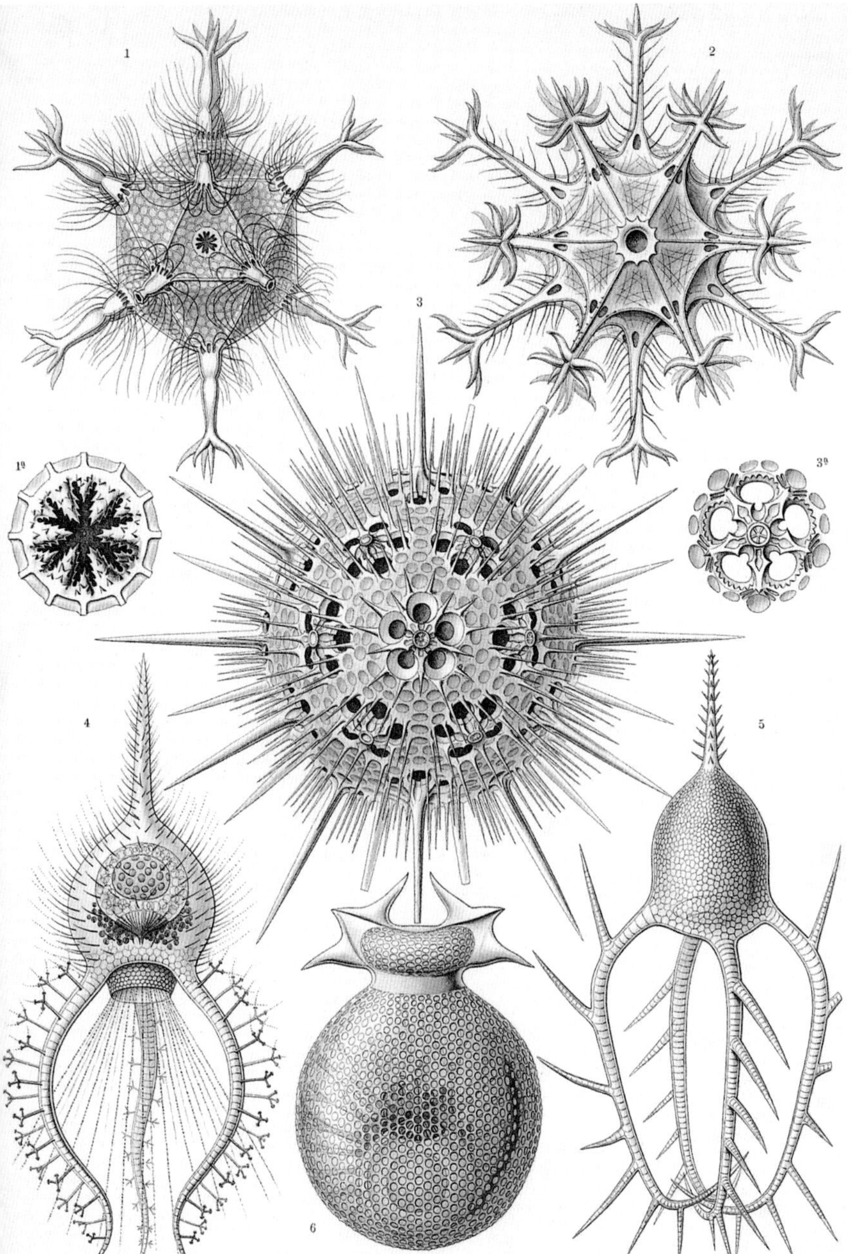
1
2
3
1a
3a
4
5
6

Tafel 2. Globigerina.

Thalamophora. Kammerlinge.

유공충류

Tafel 3. Stentor.

Ciliata. Wimperlinge.

섬모충류

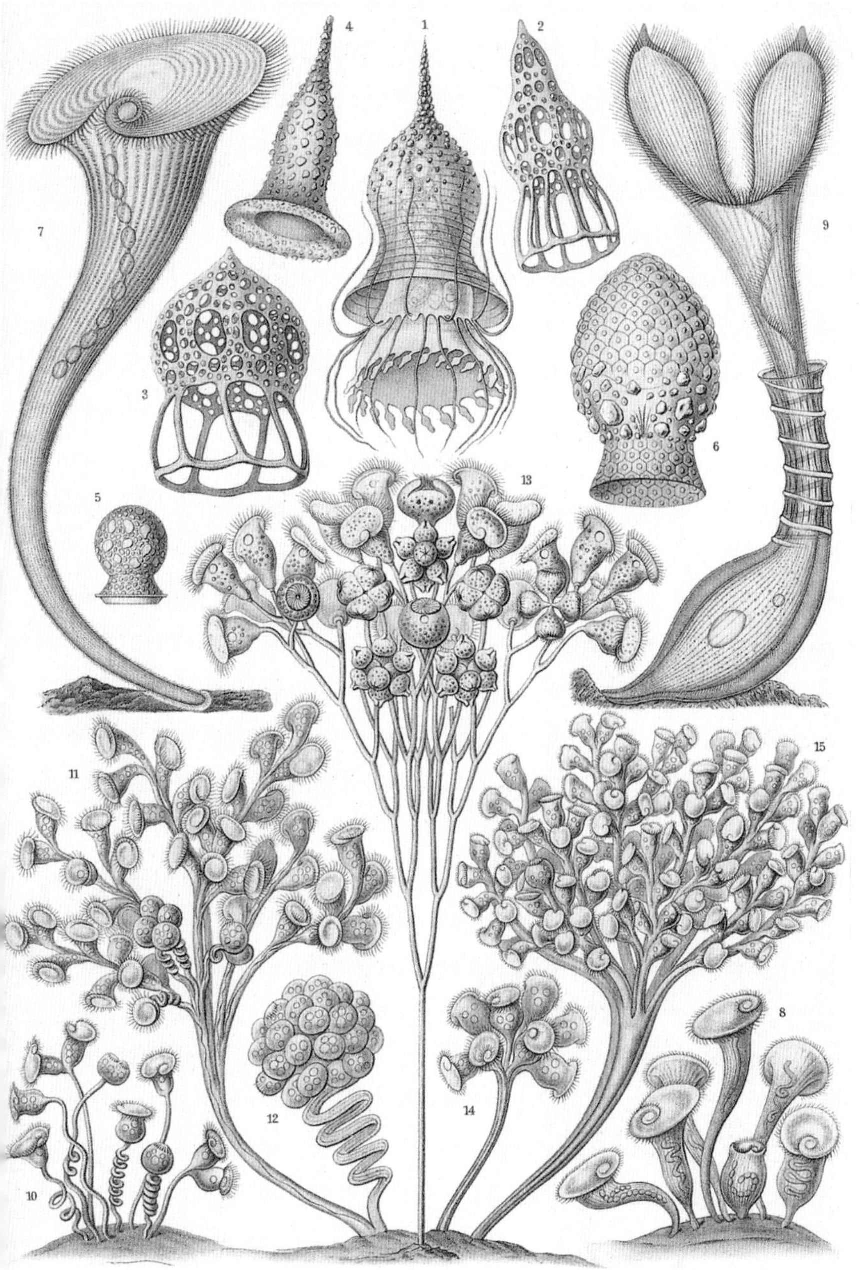

4
1
2
7
9
3
6
13
5
11
15
8
12
14
10

Tafel 4. Triceratium.

Diatomea. Schachtellinge.

규조류

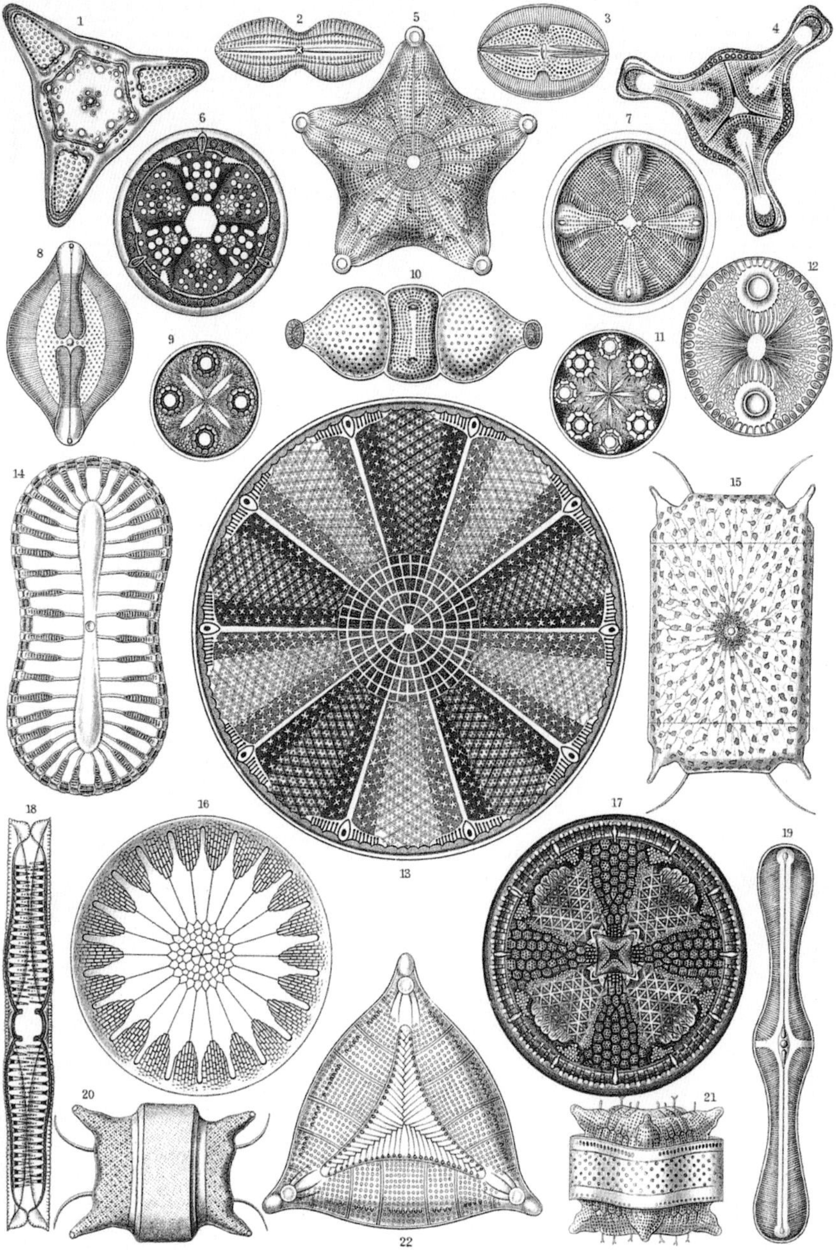
1
2
5
3
4
6
7
8
10
12
9
11
14
15
18
16
13
17
19
20
21
22

Tafel 5. Ascandra.

Calcispongiae. Kalkschwämme.

석회해면류

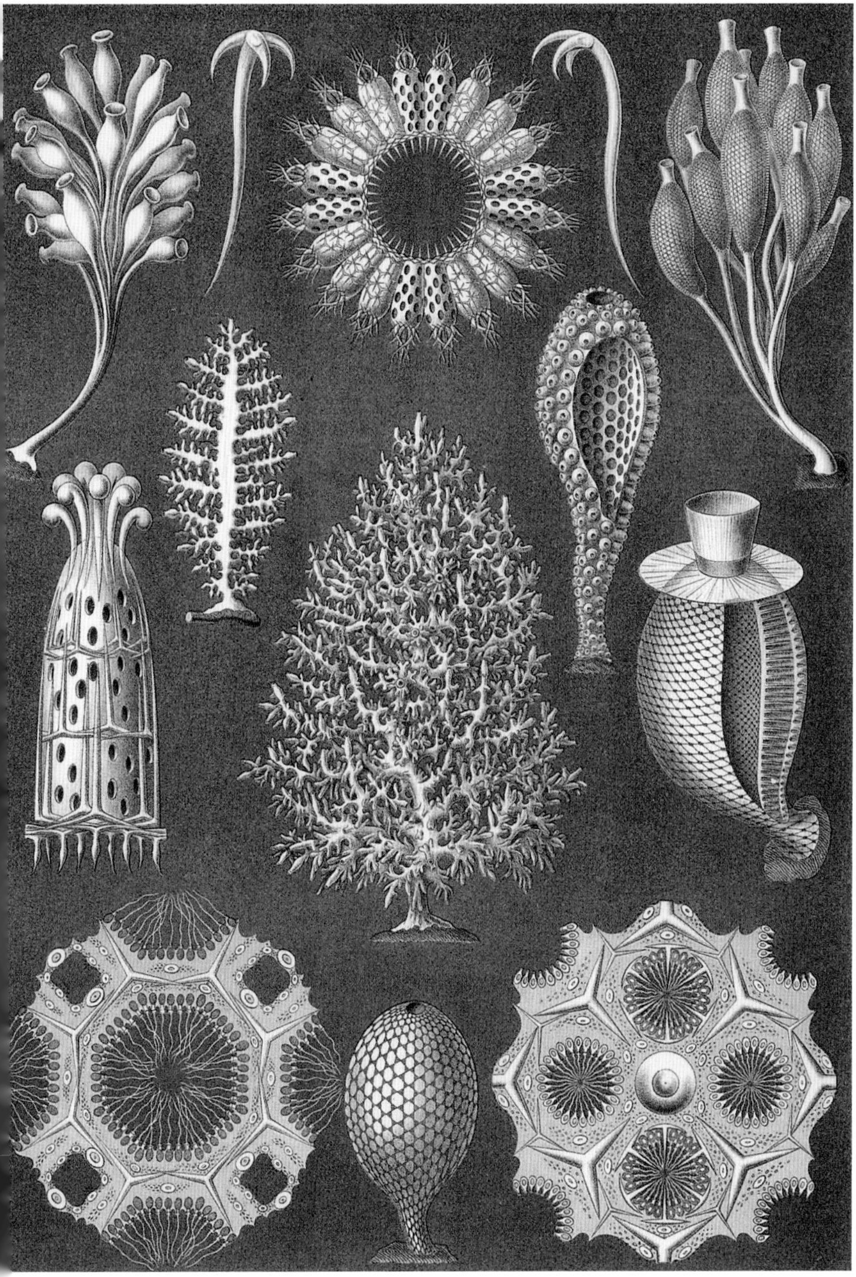

Tafel 6. Tubuletta.

Tubulariae. Röhrenpolypen.

히드로충류

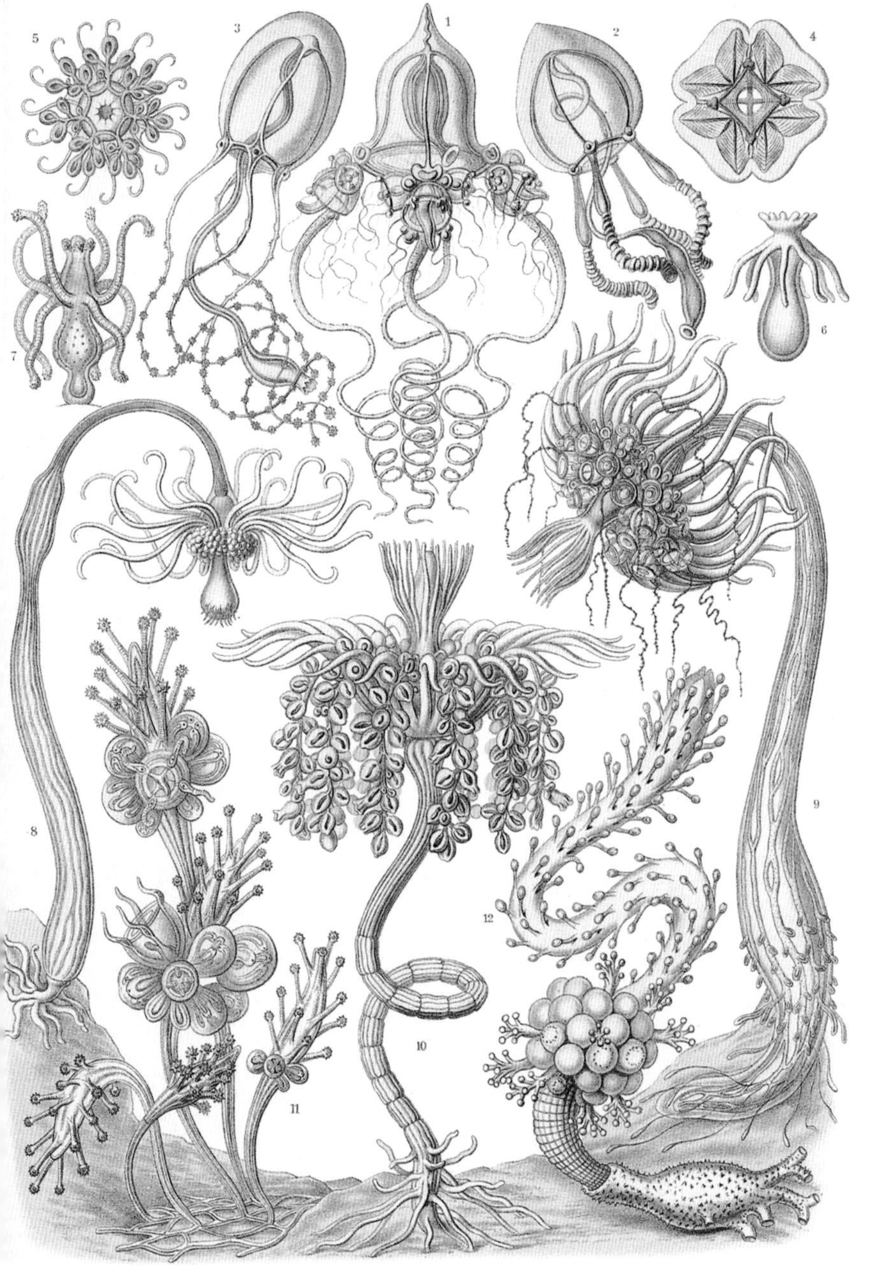

1
2
3
4
5
6
7
8
9
10
11
12

Tafel 7. Epibulia.

Siphonophorae. Staatsquallen.

관해파리류

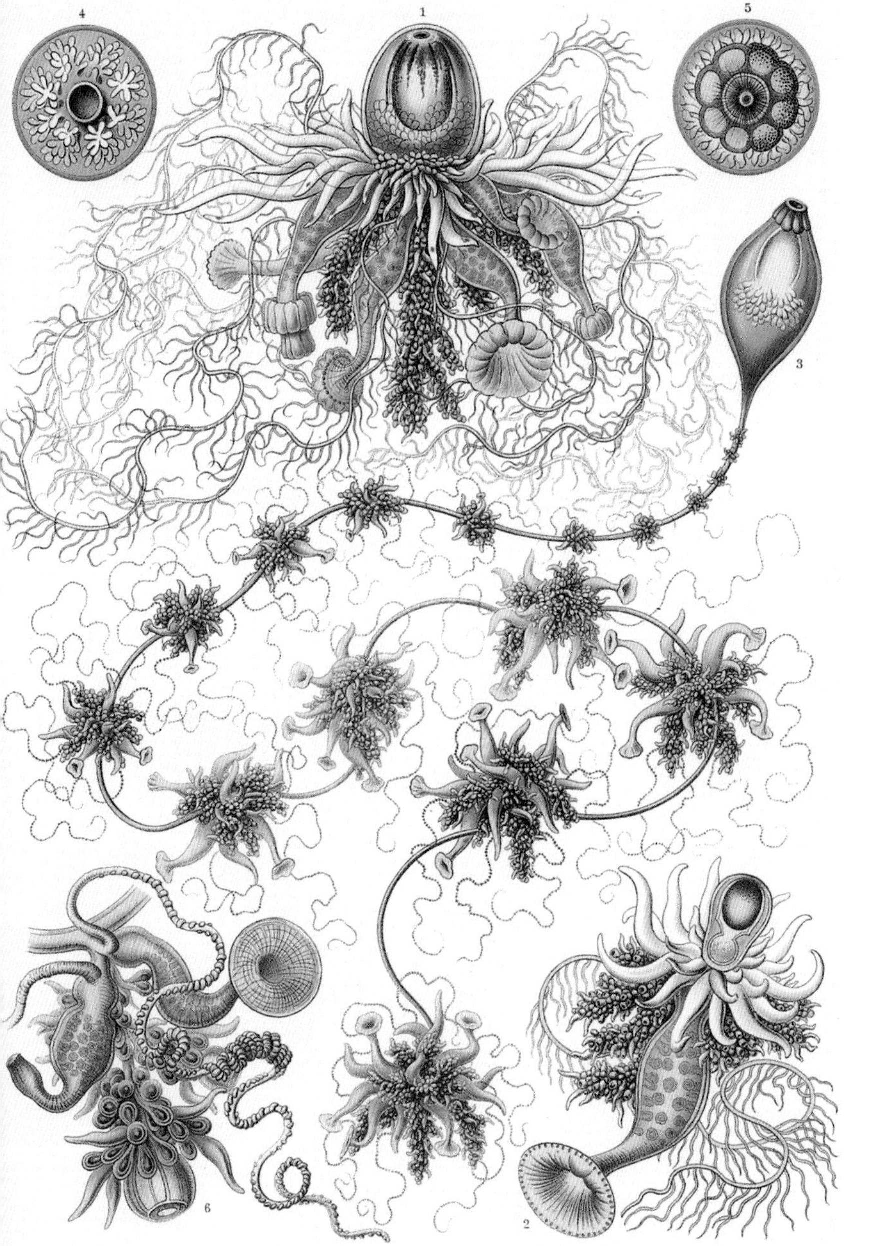
4
1
5
3
6
2

Tafel 8. Desmonema.

Discomedusae. Scheibenquallen.

해파리류

3
1
2
4

Tafel 9. Maeandrina.

Hexacoralla. Sechsstrahlige Sternkorallen.

육방산호류

Tafel 10. Ophiothrix.

Ophiodea. Schlangensterne.

거미불가사리류

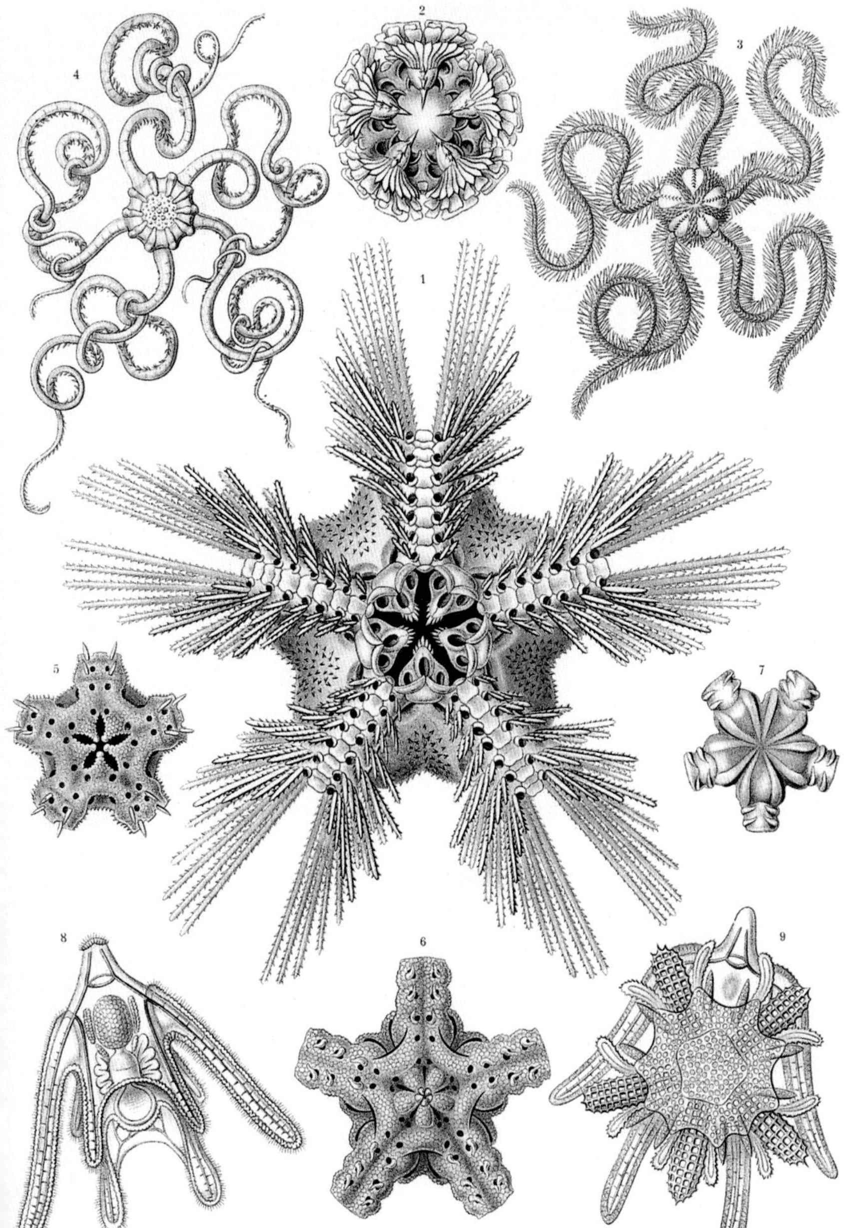

1
2
3
4
5
6
7
8
9

Tafel 11. Heliodiscus.

Discoidea. Scheiben-Strahlinge.

꽃해파리류

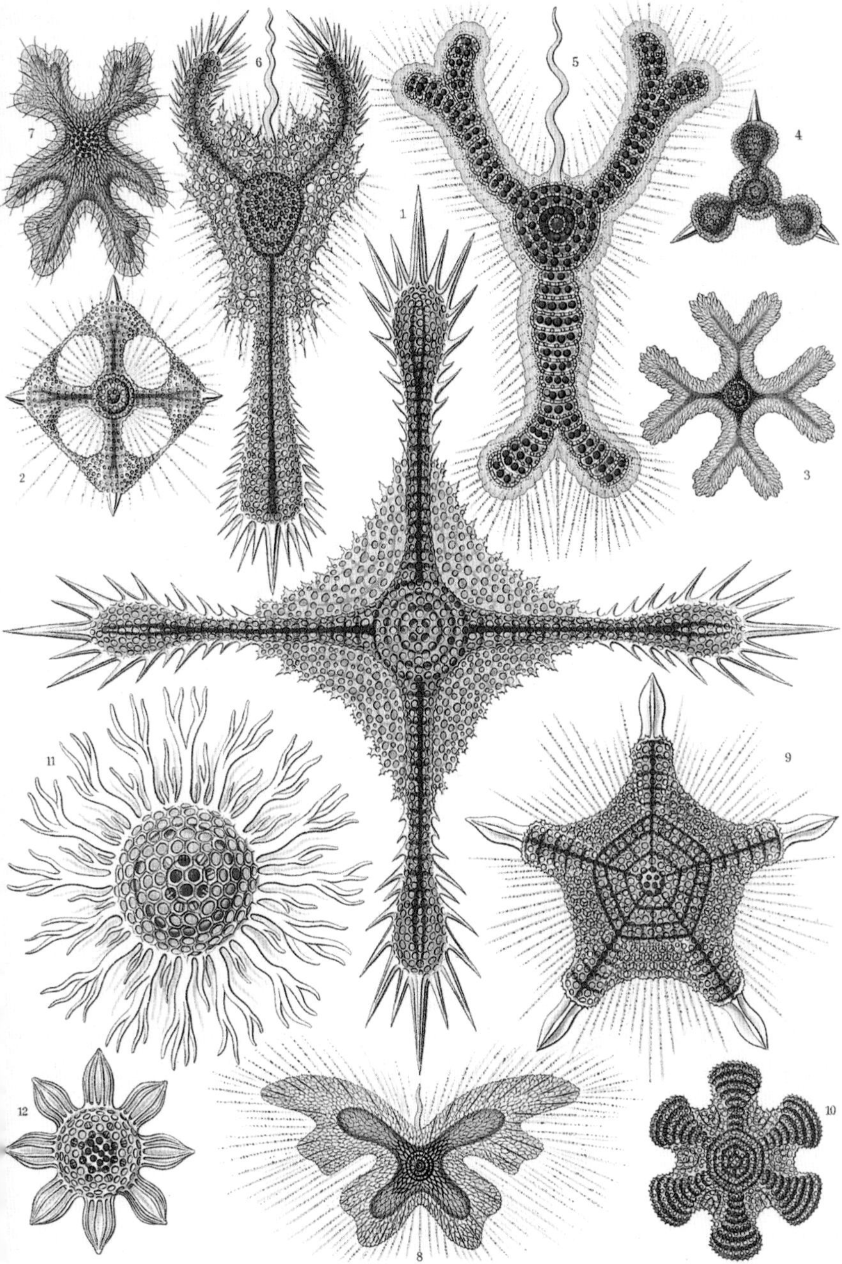
7
6
5
4
1
2
3
11
9
12
10
8

Tafel 12. Miliola.

Talamophora. Kammerlinge.

유공충류

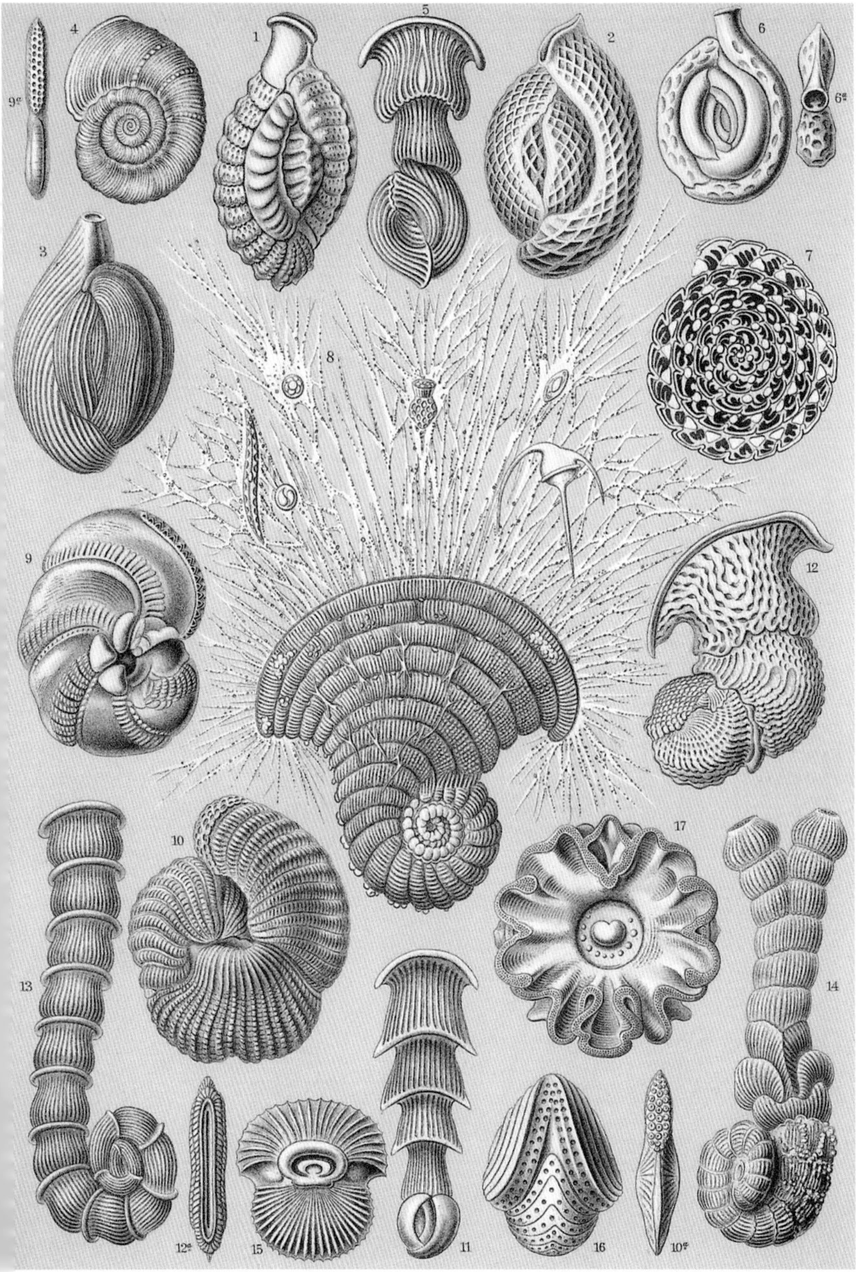
9a
4
1
5
2
6
6a
3
7
8
9
12
10
17
13
14
12a
15
11
16
10a

Tafel 13. Dinobryon.

Flagellata. Geißlinge.

동물성편모충류

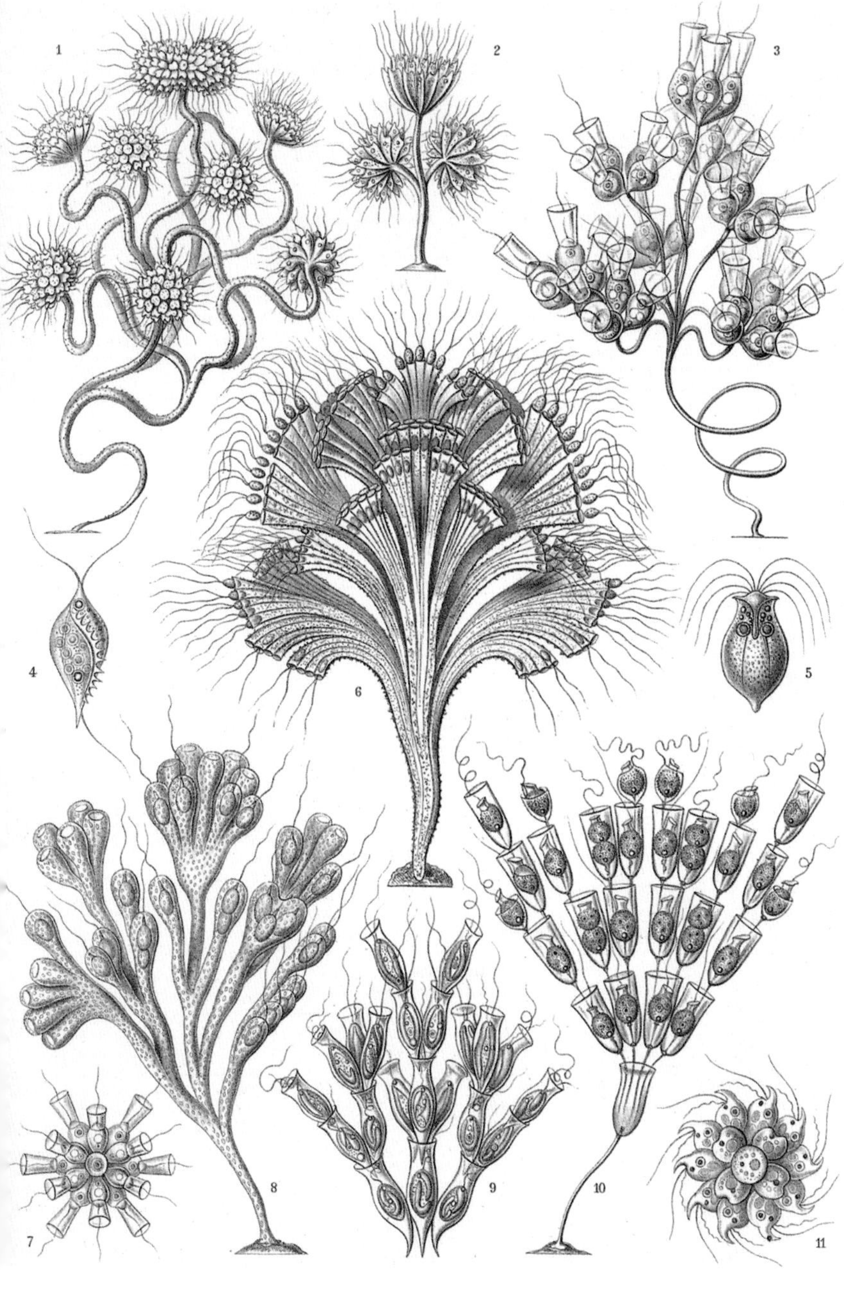
1
2
3
4
5
6
7
8
9
10
11

Tafel 14. Peridinium

Peridinea. Geißelhütchen.

와편모충류

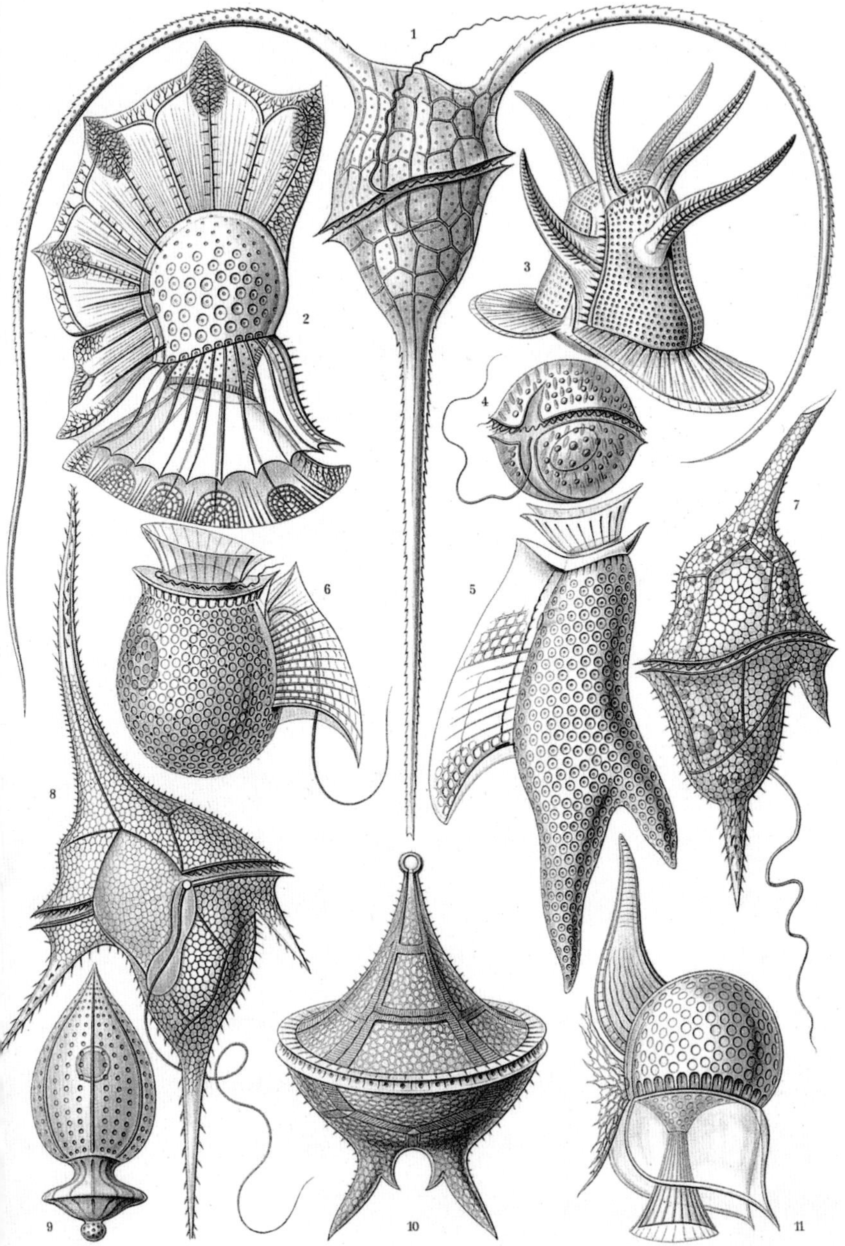
1
2
3
4
5
6
7
8
9
10
11

Tafel 15. Zonaria.

Fucoideae. Brauntange.

갈조류

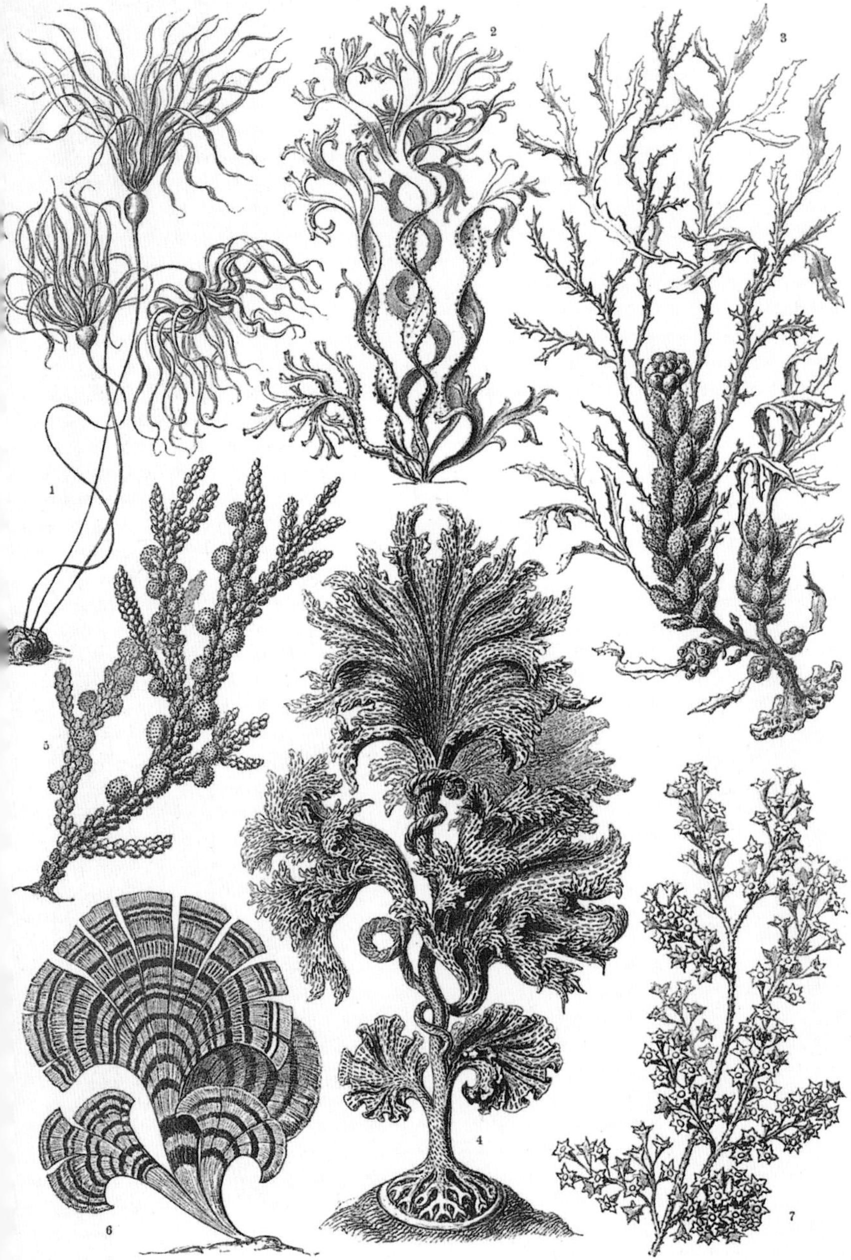
1
2
3
4
5
6
7

Tafel 16. Pegantha.

Narcomedusae. Spangenquallen.

강수모류

3
7
4
5
1
8
2
6
9

Tafel 17. Porpema.

Siphonophorae. Staatsquallen.

관해파리류

1
2
3
4
5
6
7
8
9
10
11
12

Tafel 18. Linantha.

Discomedusae. Scheibenquallen.

해파리류

7
3
6
1
4
2
5
8
9

Tafel 19. Pennatula.

Pennatulida. Federkorallen.

깃산호류

1
1a
2
3
4
5
6
7
8
9
10
11
12

Tafel 20. Pentacrinus.

Crinoidea. Palmensterne.

바다나리류

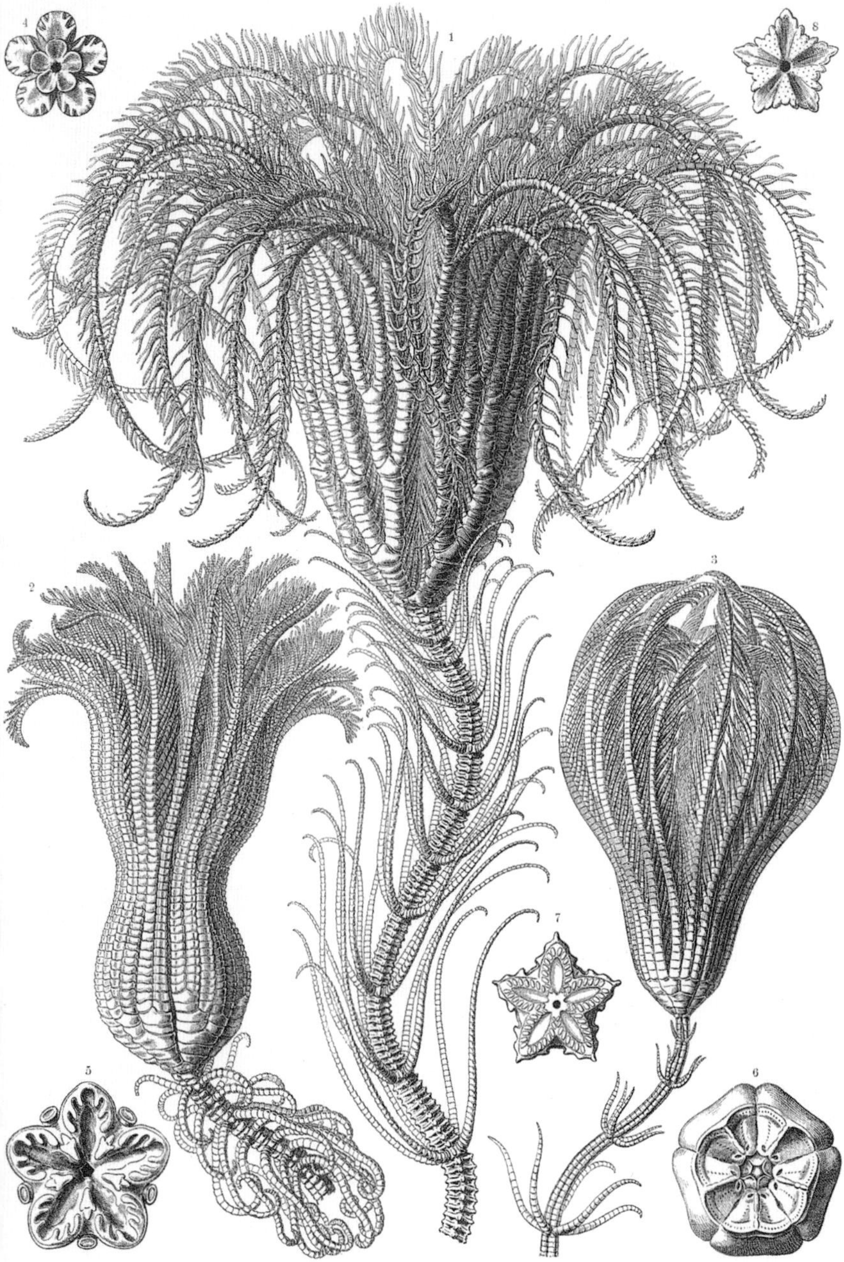
1
2
3
4
5
6
7
8

Tafel 21. Xiphacantha.

Acanthometra. Stachelstrahlinge.

방사극충류

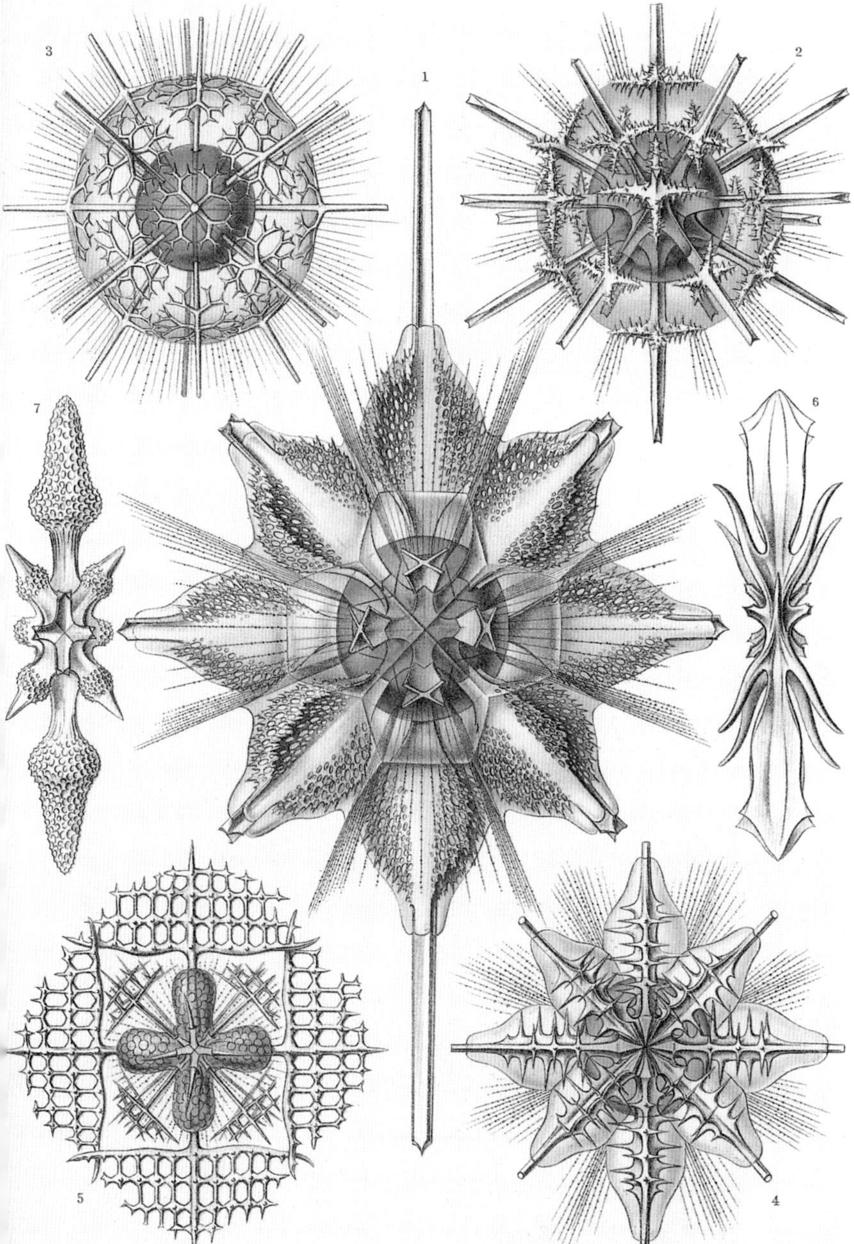
3
1
2
7
6
5
4

Tafel 22. Elaphospyris.

Spyroidea. Nüßchenstrahlinge.

다공낭충류

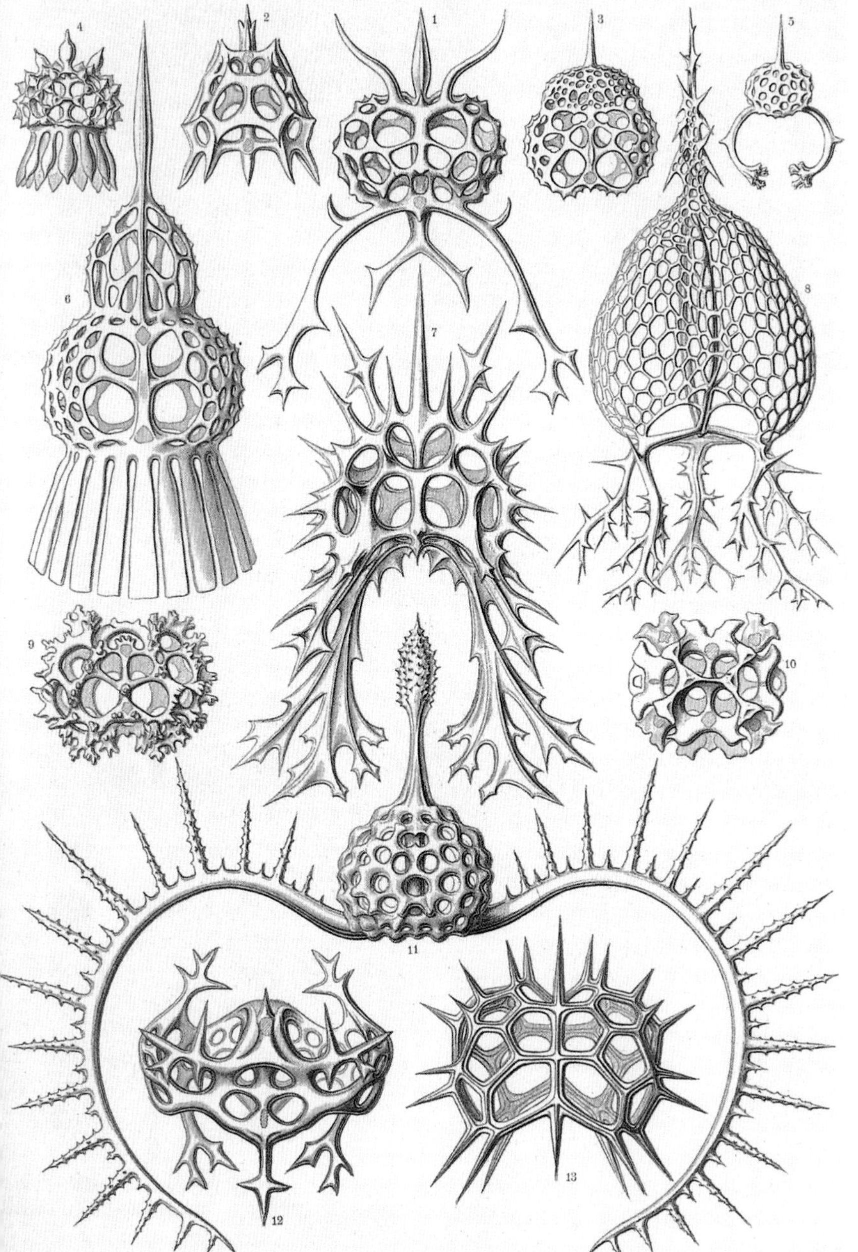

4
2
1
3
5
6
7
8
9
10
11
12
13

Tafel 23. Cristatella.

Bryozoa. Moostiere.

이끼벌레류

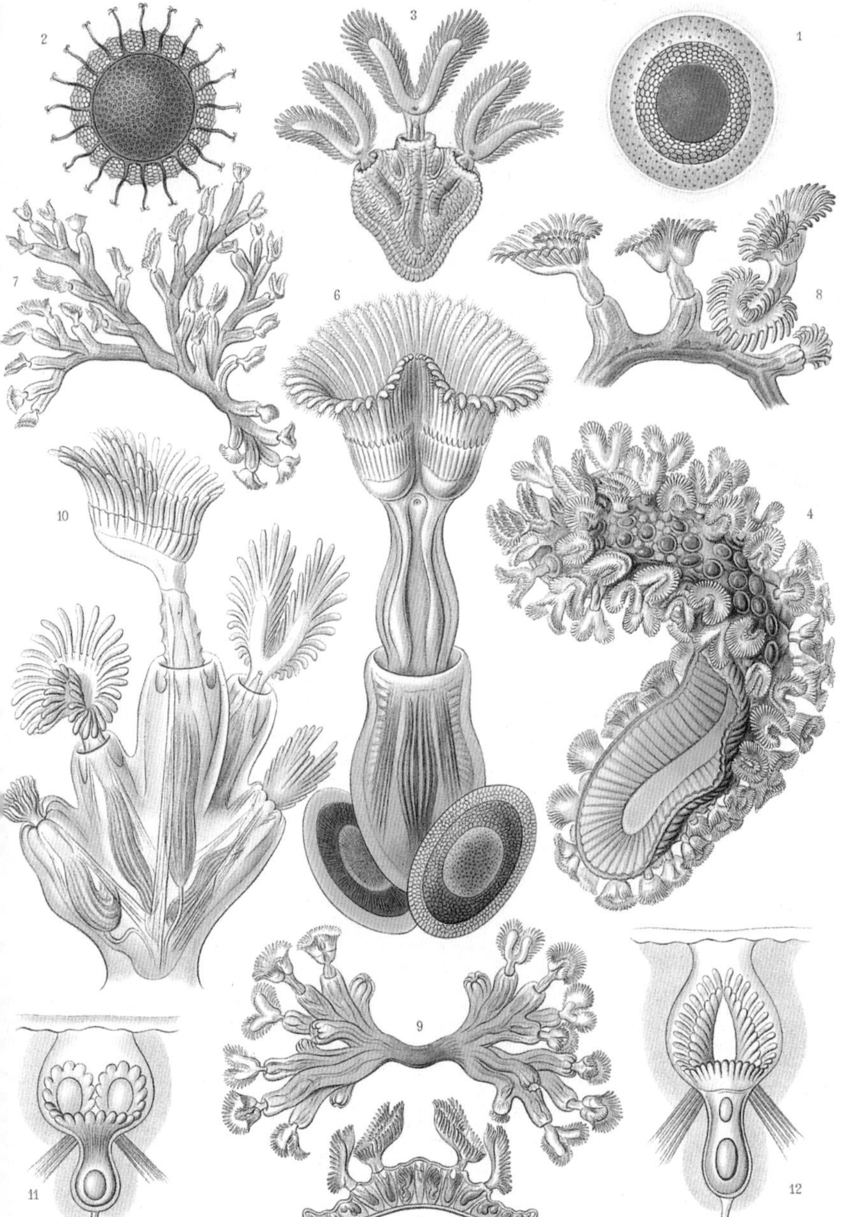
2
3
1
7
6
8
10
4
9
11
5
12

Tafel 24. Staurastrum.

Desmidiea. Zierdinge.

먼지말류

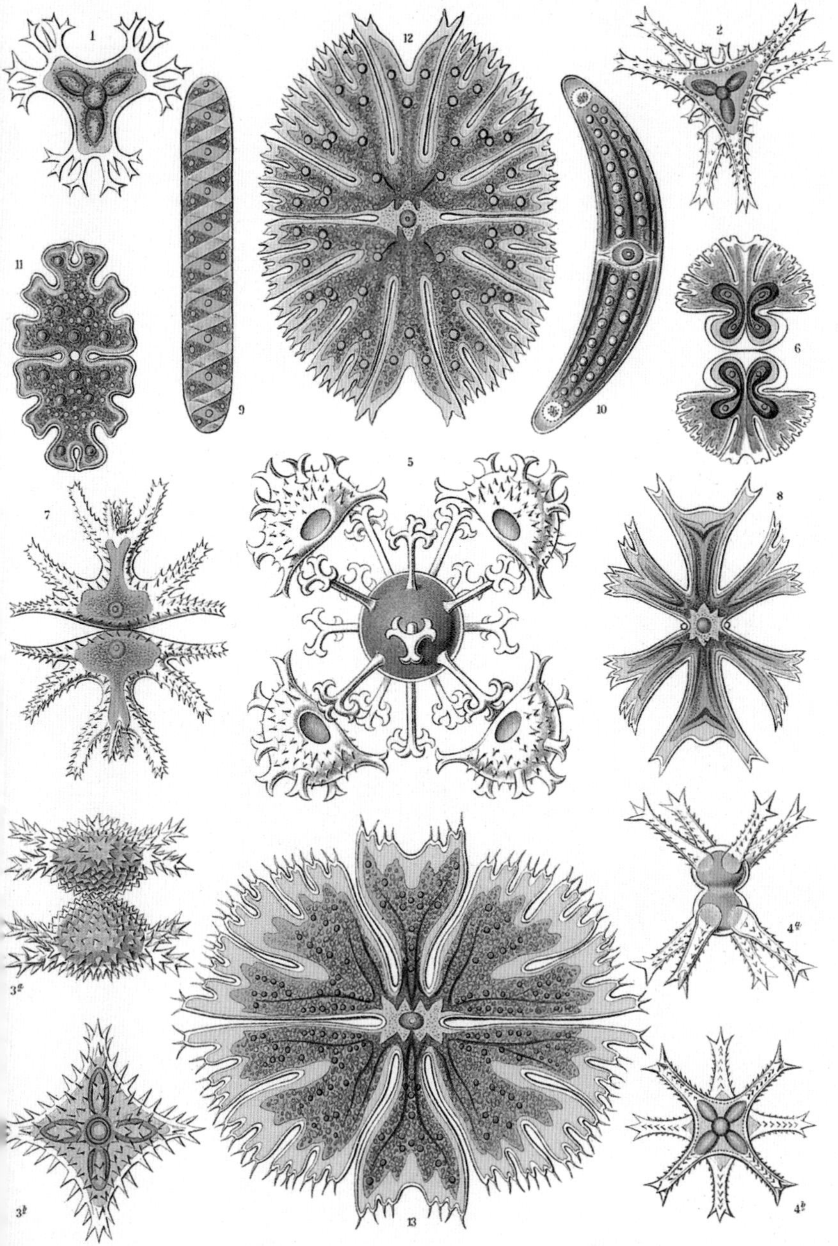
1
12
2
9
11
10
6
5
7
8
3a
4a
3b
13
4b

Tafel 25. Diphasia.

Sertulariae. Reihenpolypen.

테히드라과

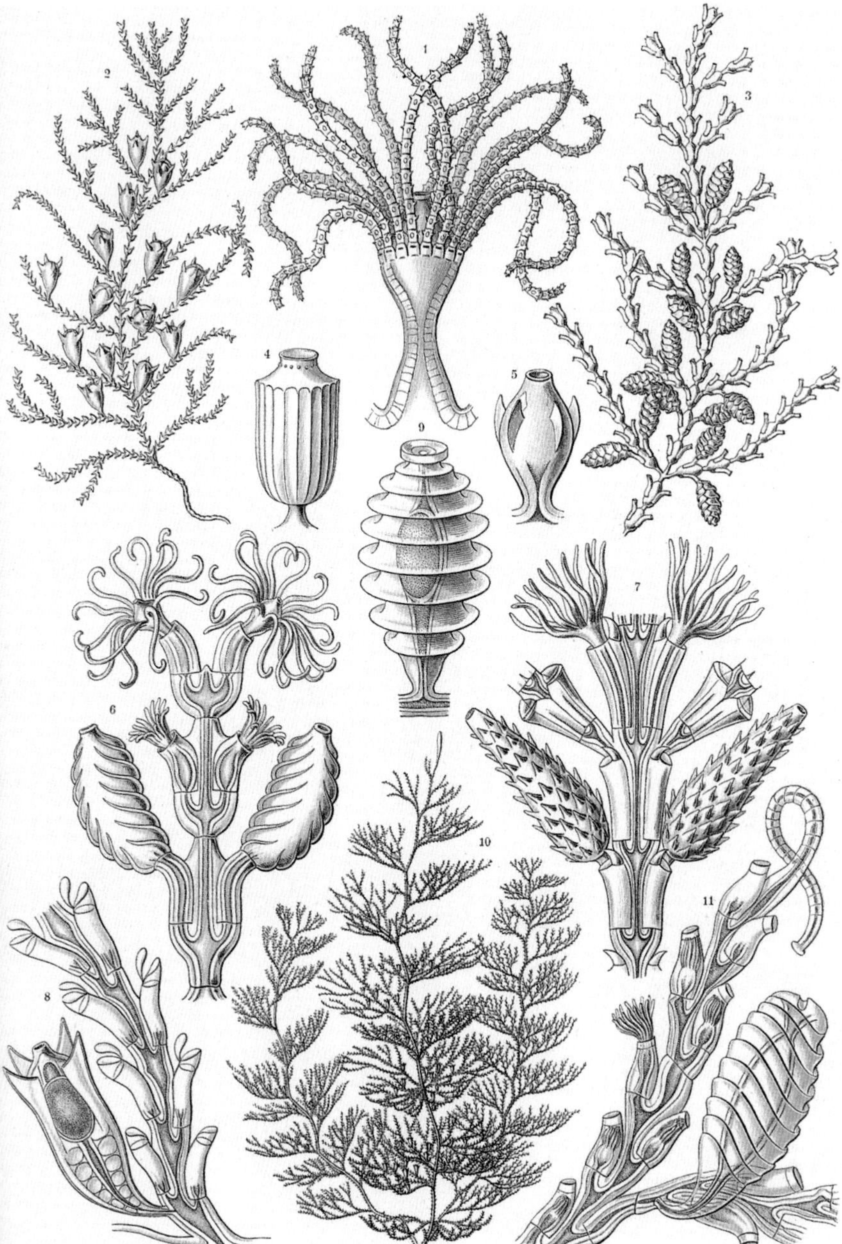
1
2
3
4
5
9
6
7
10
11
8

Tafel 26. Carmaris.

Trachomedusae. Kolbenquallen.

경수모류

2
5
4
1
6
7
3

Tafel 27. Hormiphora.

Ctenophorae. Kammquallen.

빗해파리류

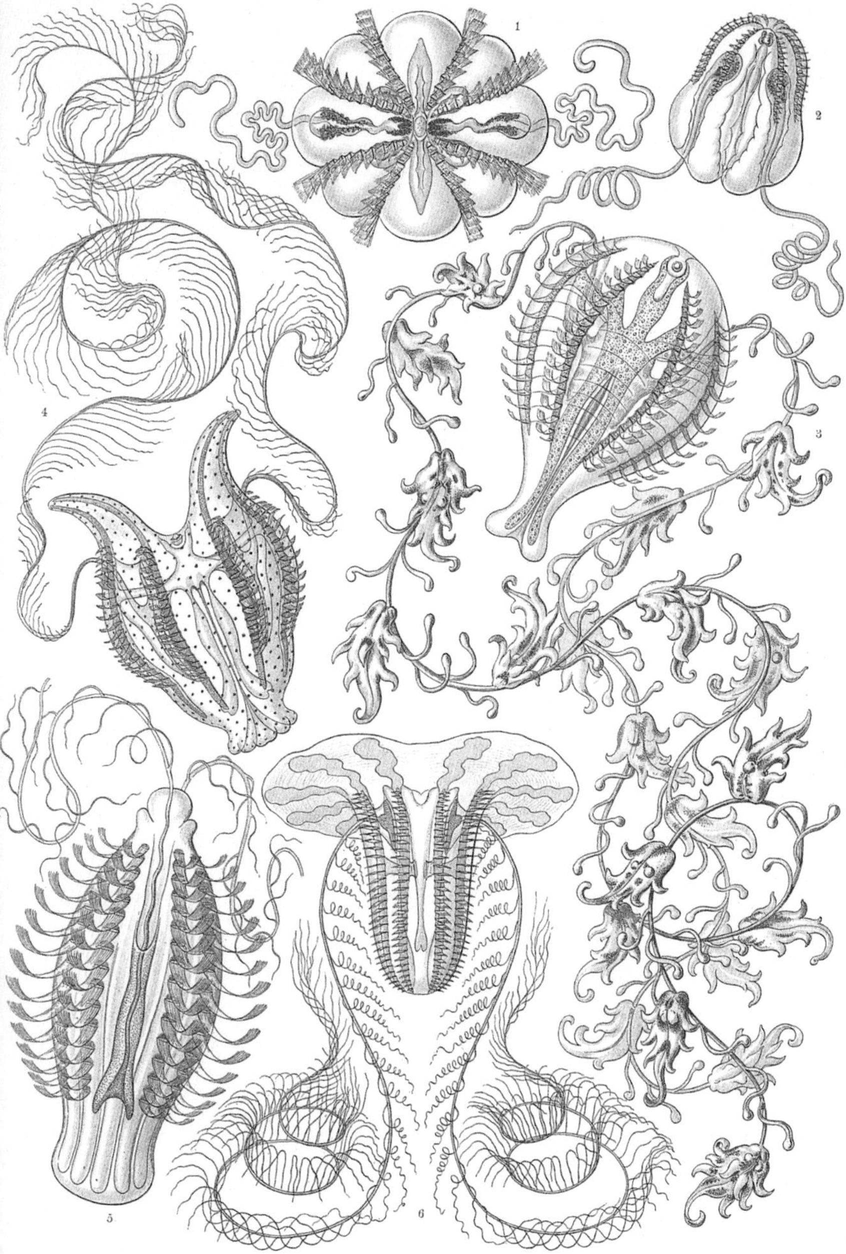
1
2
3
4
5
6

Tafel 28. Toreuma.

Discomedusae. Scheibenquallen.

해파리류

5
1
6
2
4
3

Tafel 29. Cyathophyllum.

Tetracoralla. Vierstrahlige Sternkorallen.

사방산호류

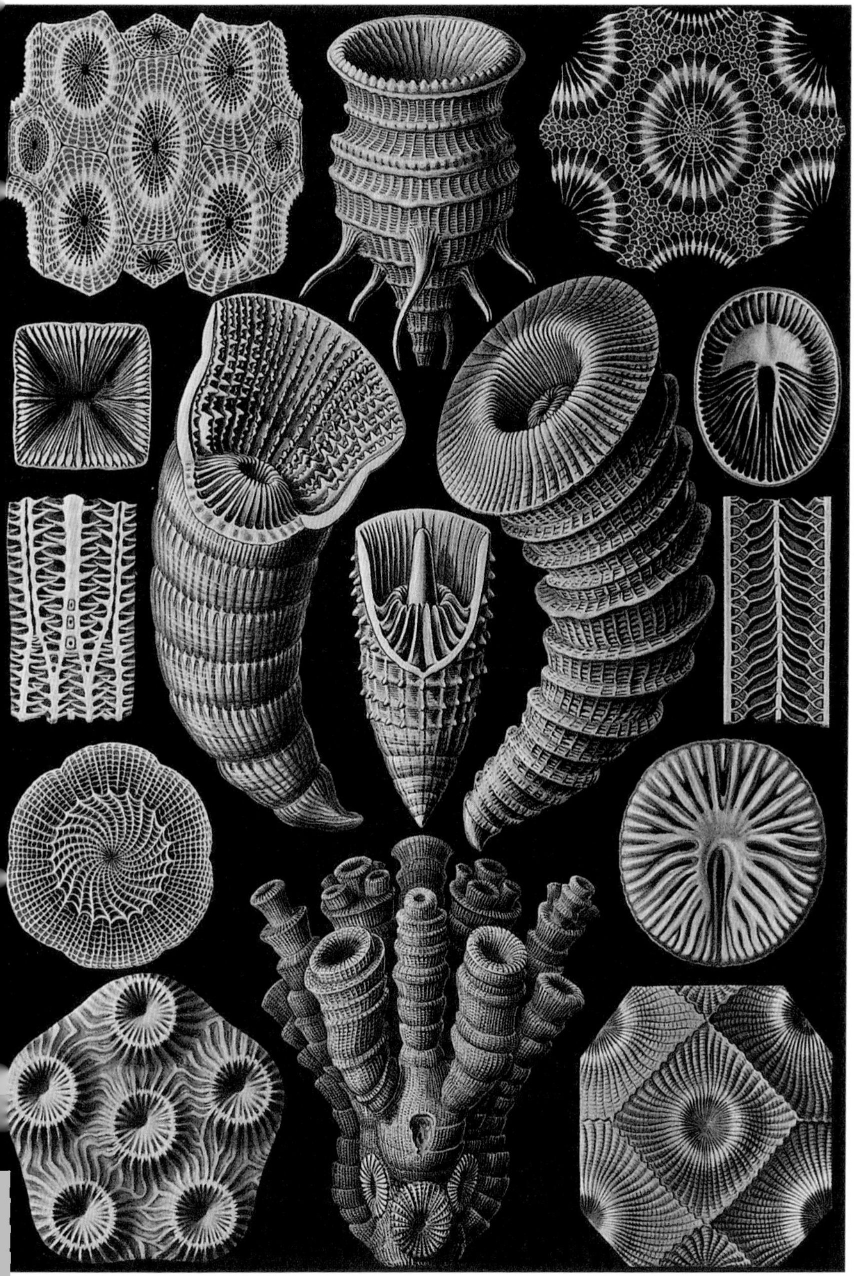

Tafel 30. Clypeaster.

Echinidea. Igelsterne.

성게과

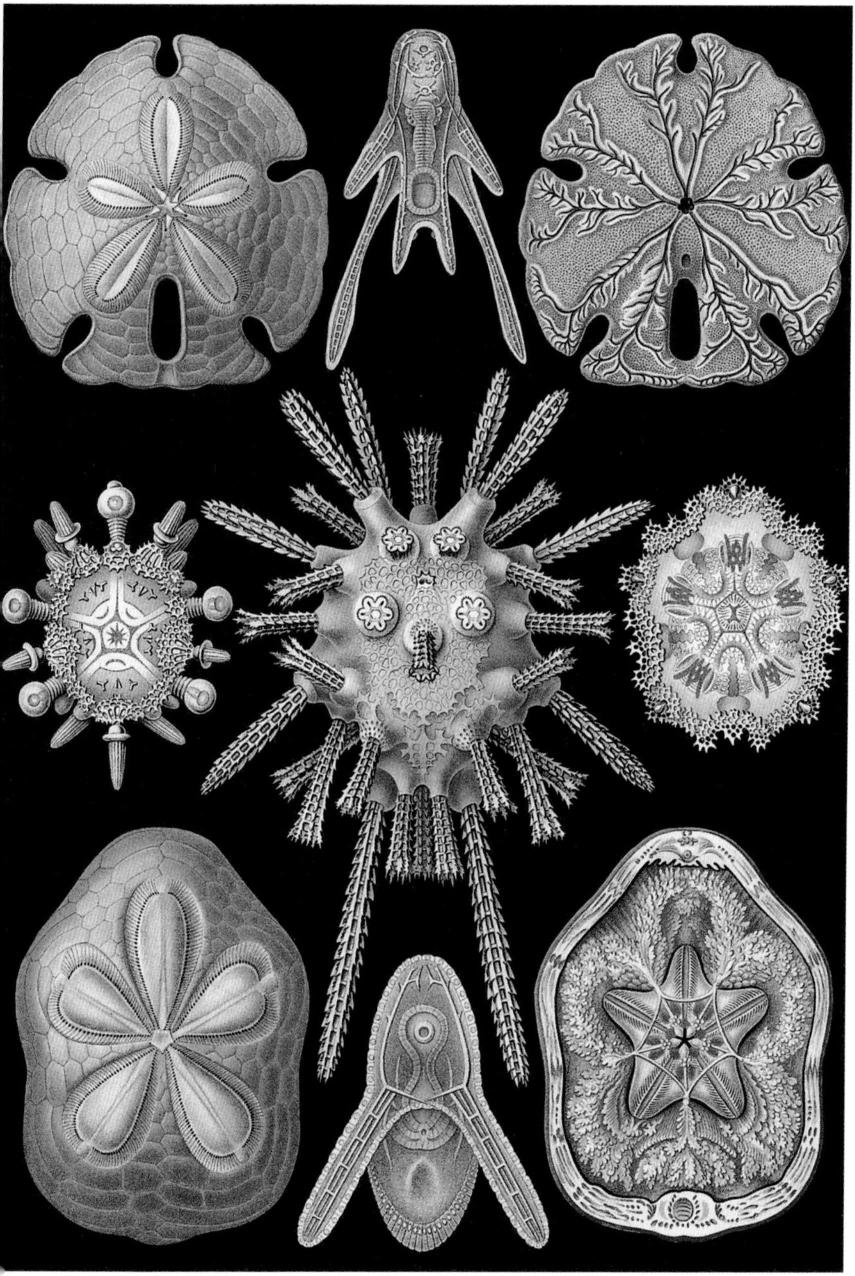

Tafel 31. Calocyclas.

Cyrtoidea. Flaschenstrahlinge.

방산충류

Tafel 32. Pedalion.

Rotatoria. Rädertiere.

윤충류

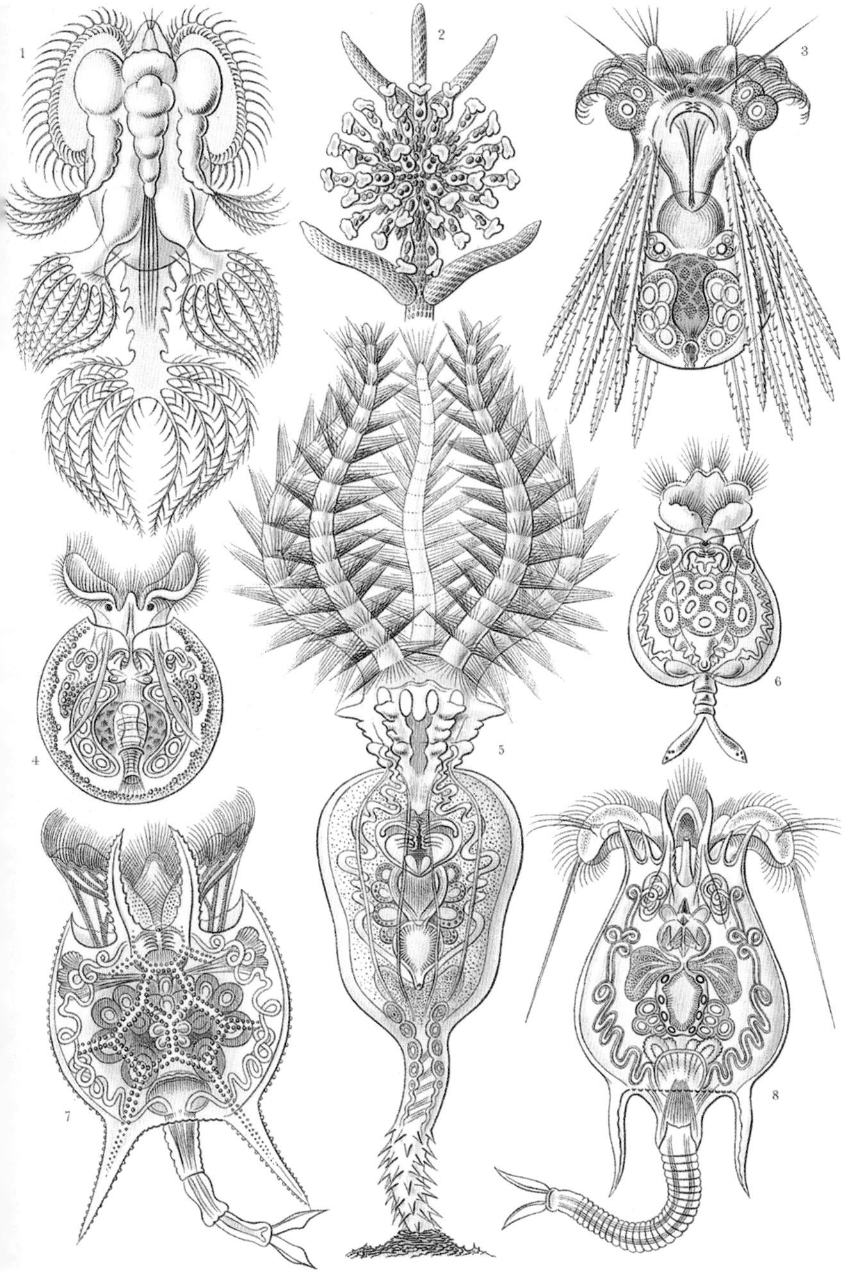
1
2
3
4
5
6
7
8

Tafel 33. Flustra.

Bryozoa. Moostiere.

이끼벌레류

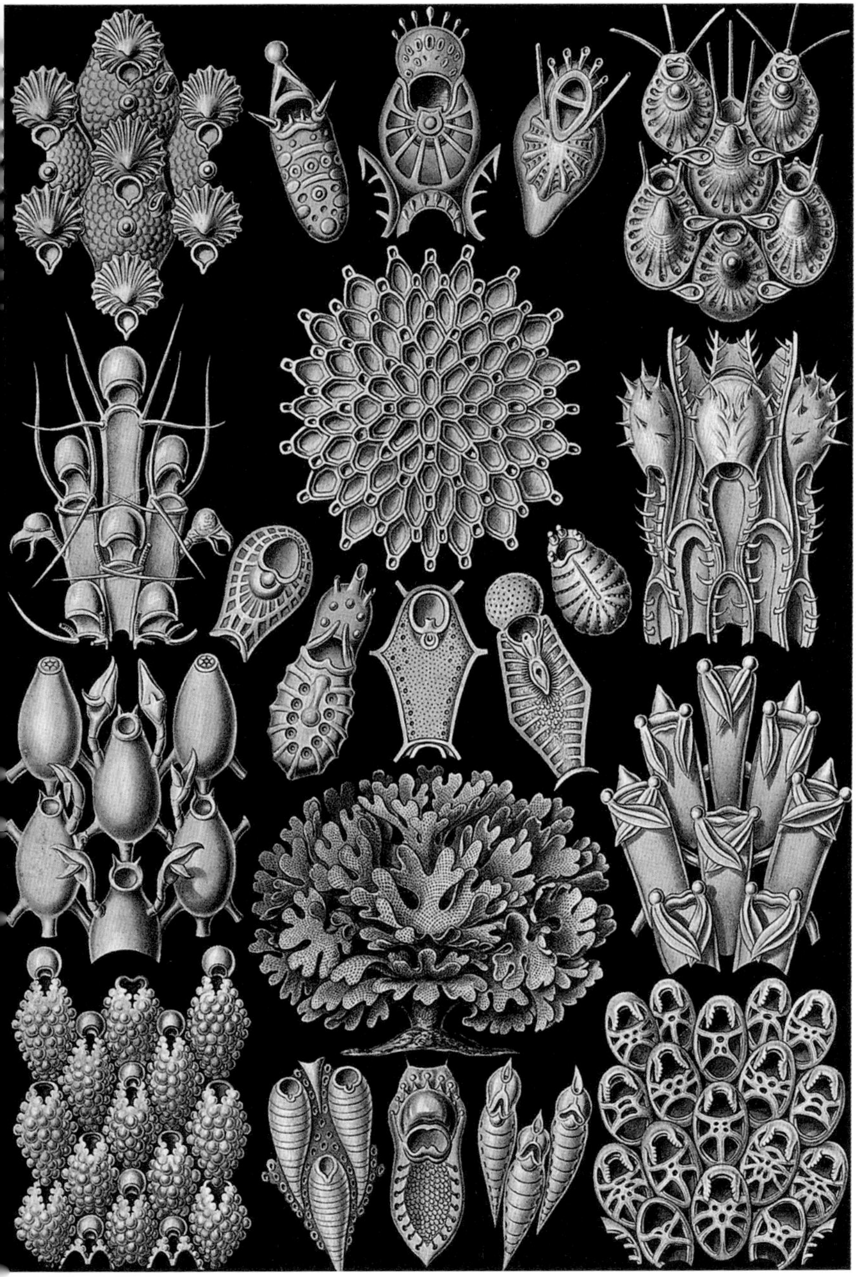

Tafel 34. Pediastrum.

Melethallia. Gesellige Algetten.

그물말과

1
2
3
4
5
6
7
8
9
10
11
12
13
14
15

Tafel 35. Farrea.

Hexactinellae. Glasschwämme.

육방해면류

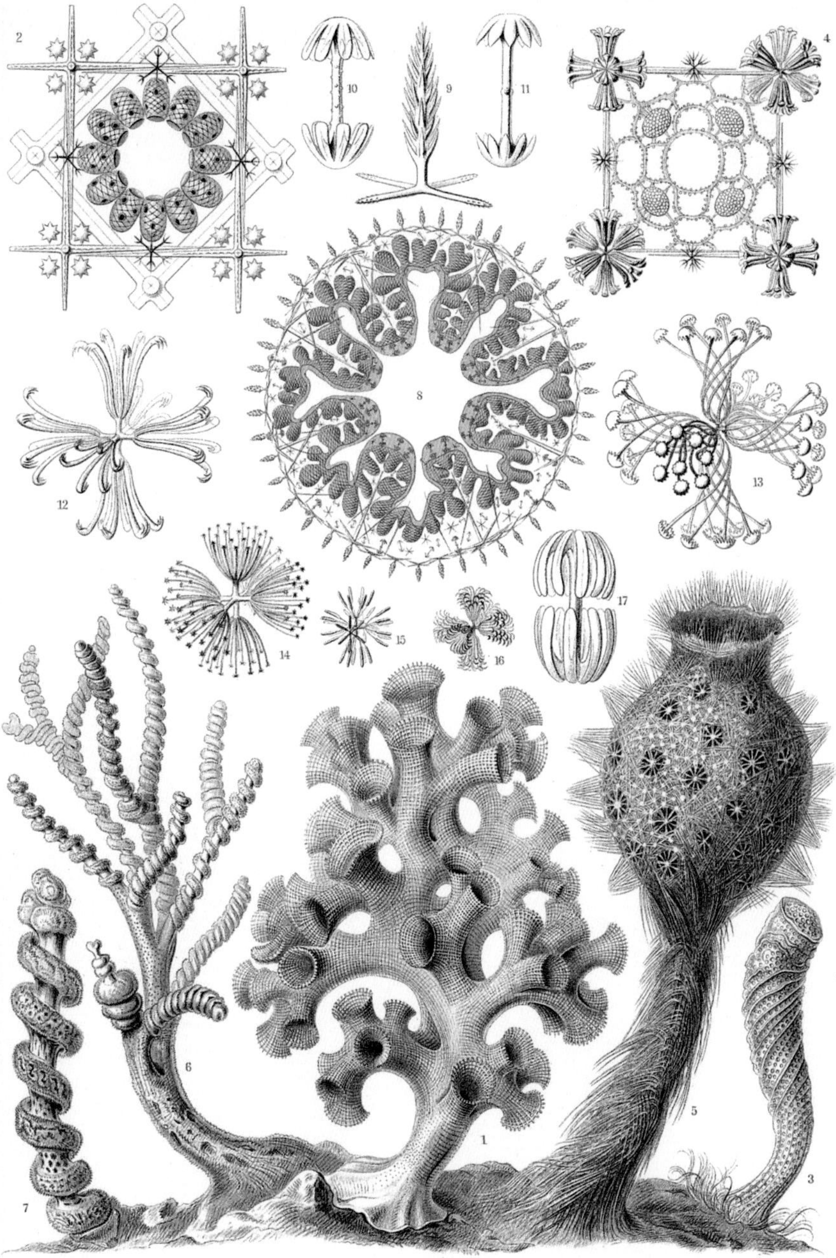
2
10
9
11
4
8
12
13
14
15
16
17
6
1
5
3
7

Tafel 36. Aequorea.

Leptomedusae. Faltenquallen.

연해파리류

1
2
5
4
3
6

Tafel 37. Discolabe.

Siphonophorae. Staatsquallen.

관해파리류

1
2
3
4
5

Tafel 38. Periphylla.

Peromedusae. Taschenquallen.

해파리류

4
6
5
2
3
1
7

Tafel 39. Gorgonia.

Gorgonida. Rindenkorallen.

바다맨드라미류

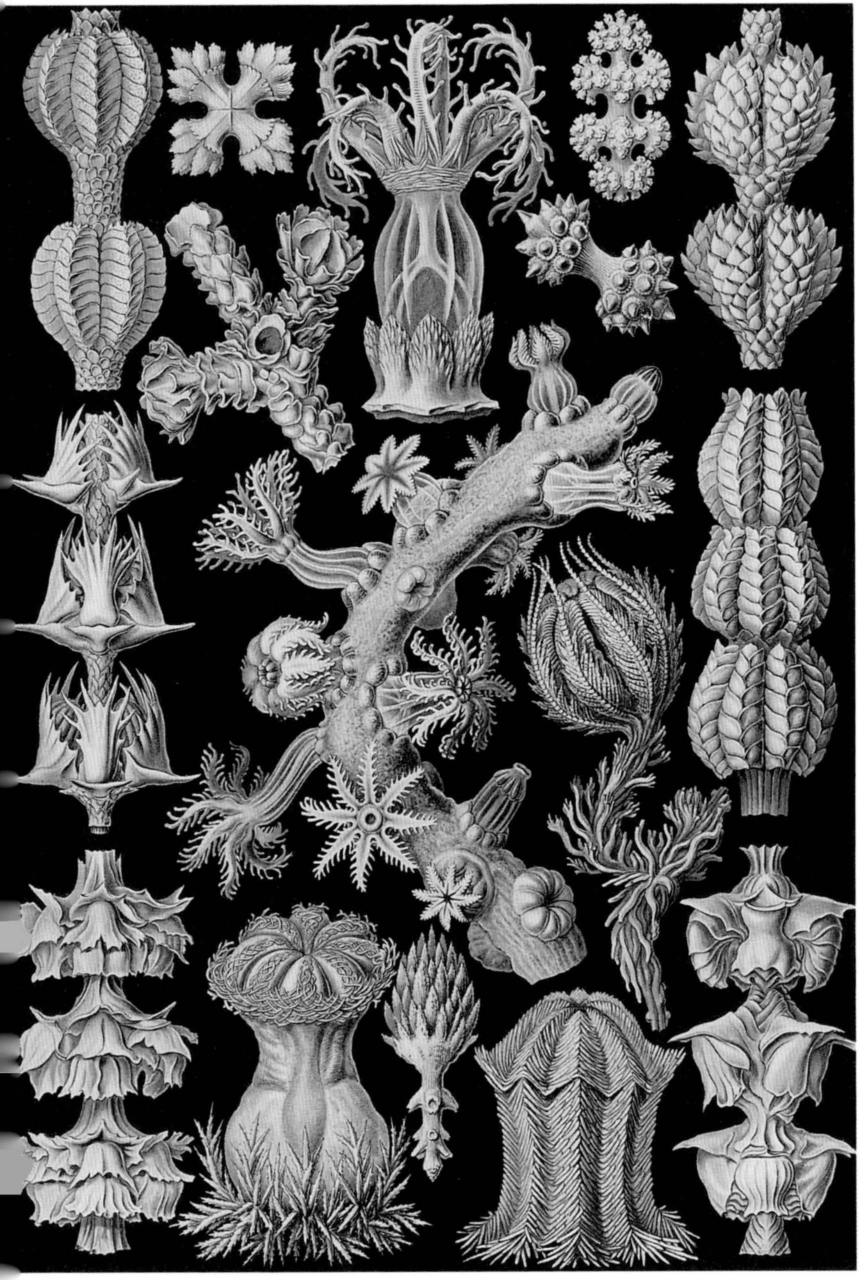

Tafel 40. Asterias.

Asteridea. Seesterne.

불가사리류

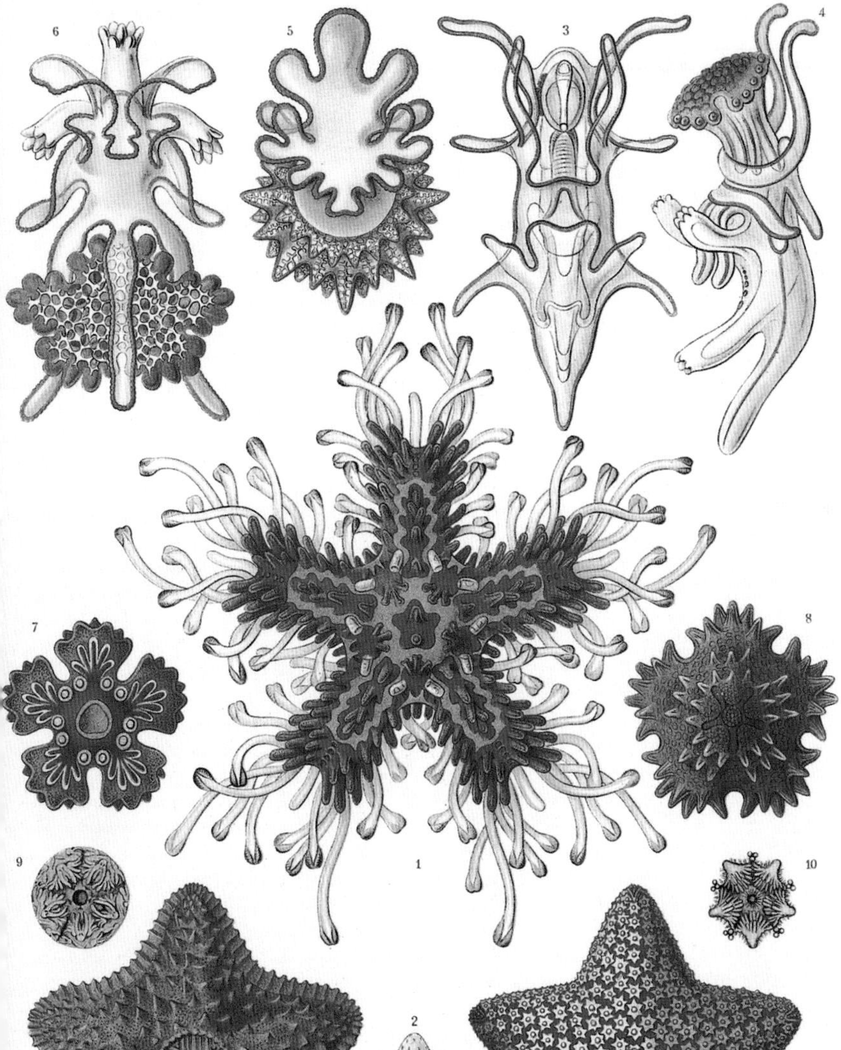
6
5
3
4
7
8
9
1
10
2
11
12

Tafel 41. Dorataspis.

Acanthophracta. Wunderstrahlinge.

방산충류

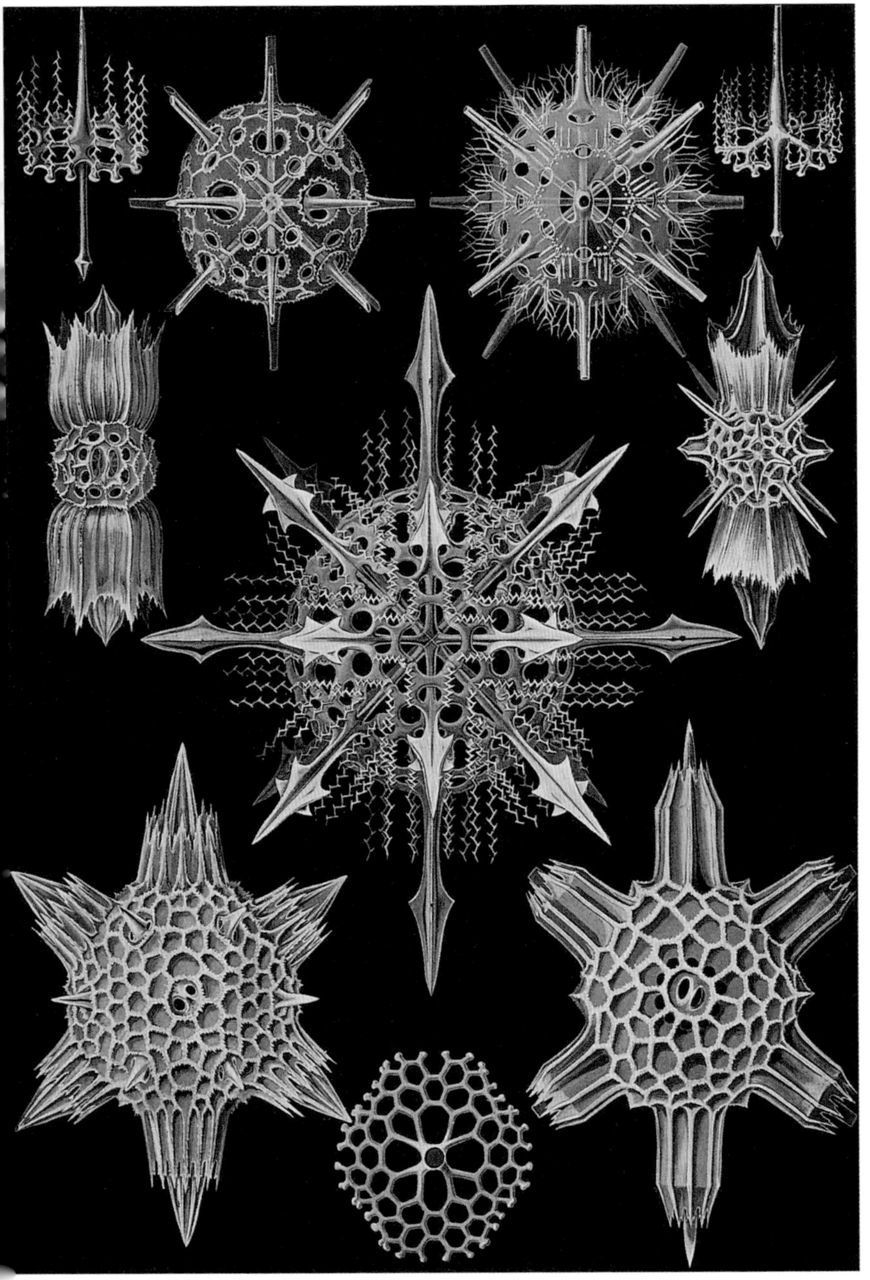

Tafel 42. Ostracion.

Ostraciontes. Kofferfische.

거북복과

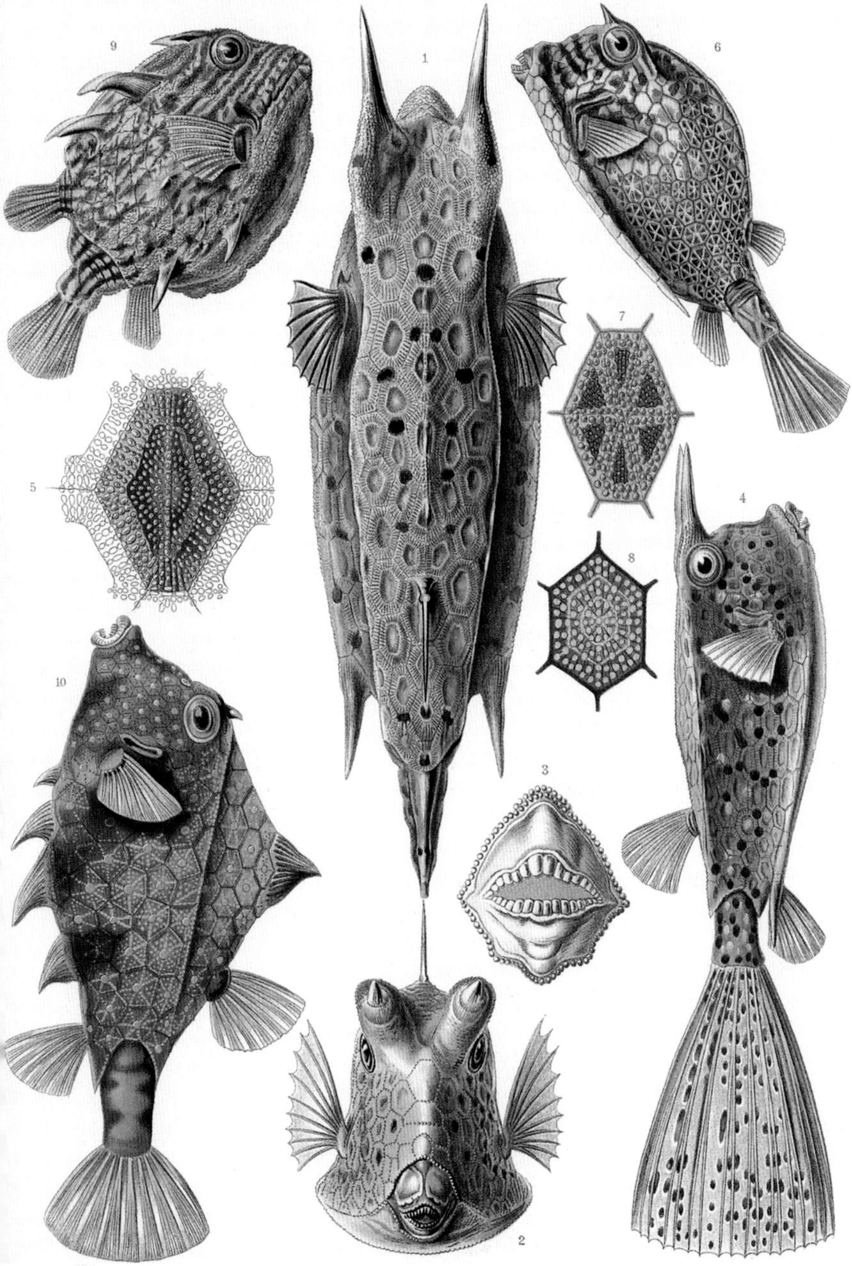
9
1
6
7
5
4
8
10
3
2

Tafel 43. Aeolis.

Nudibranchia. Nacktkiemen- Schnecken.

갯민숭달팽이

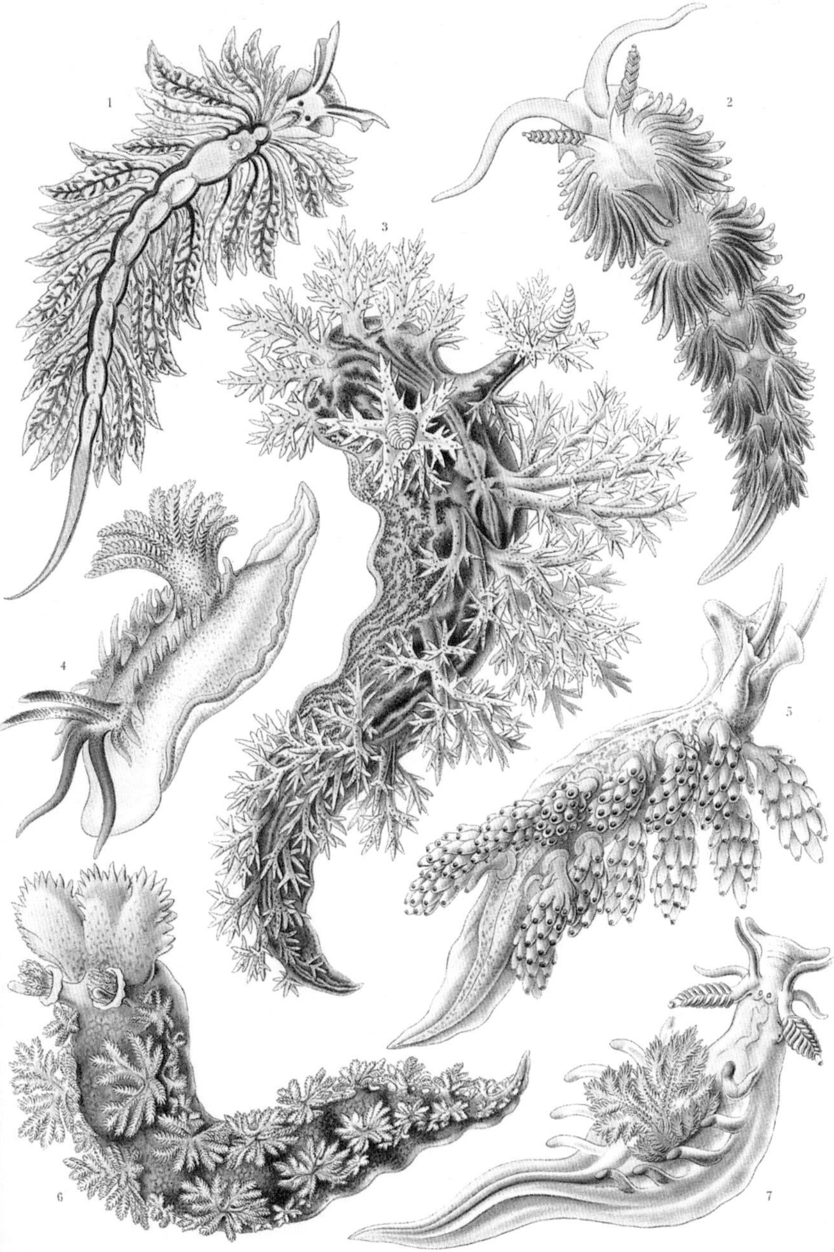
1
2
3
4
5
6
7

Tafel 44. Ammonites.

Ammonitida. Ammonshörner.

암모나이트

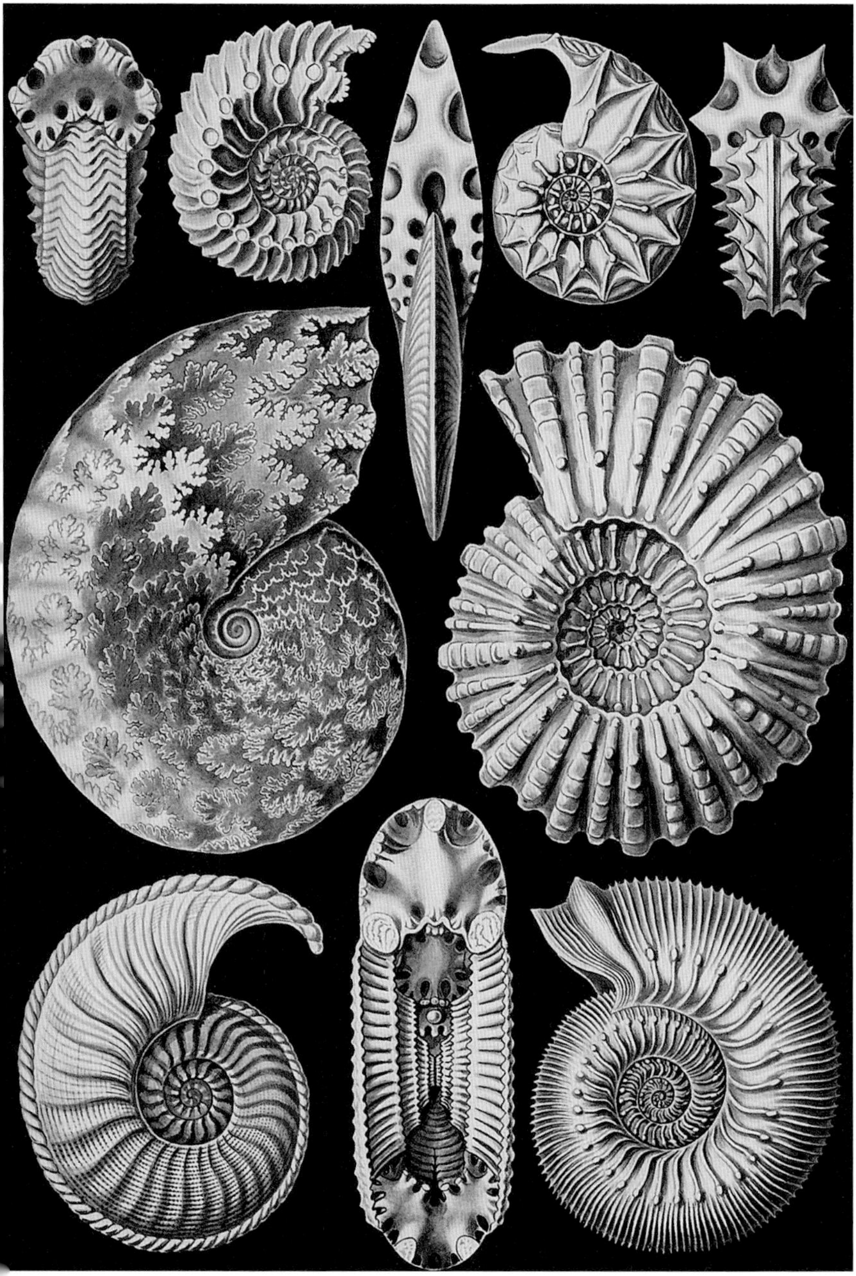

Tafel 45. Campanulina.

Campanariae. Glockenpolypen.

연해파리류

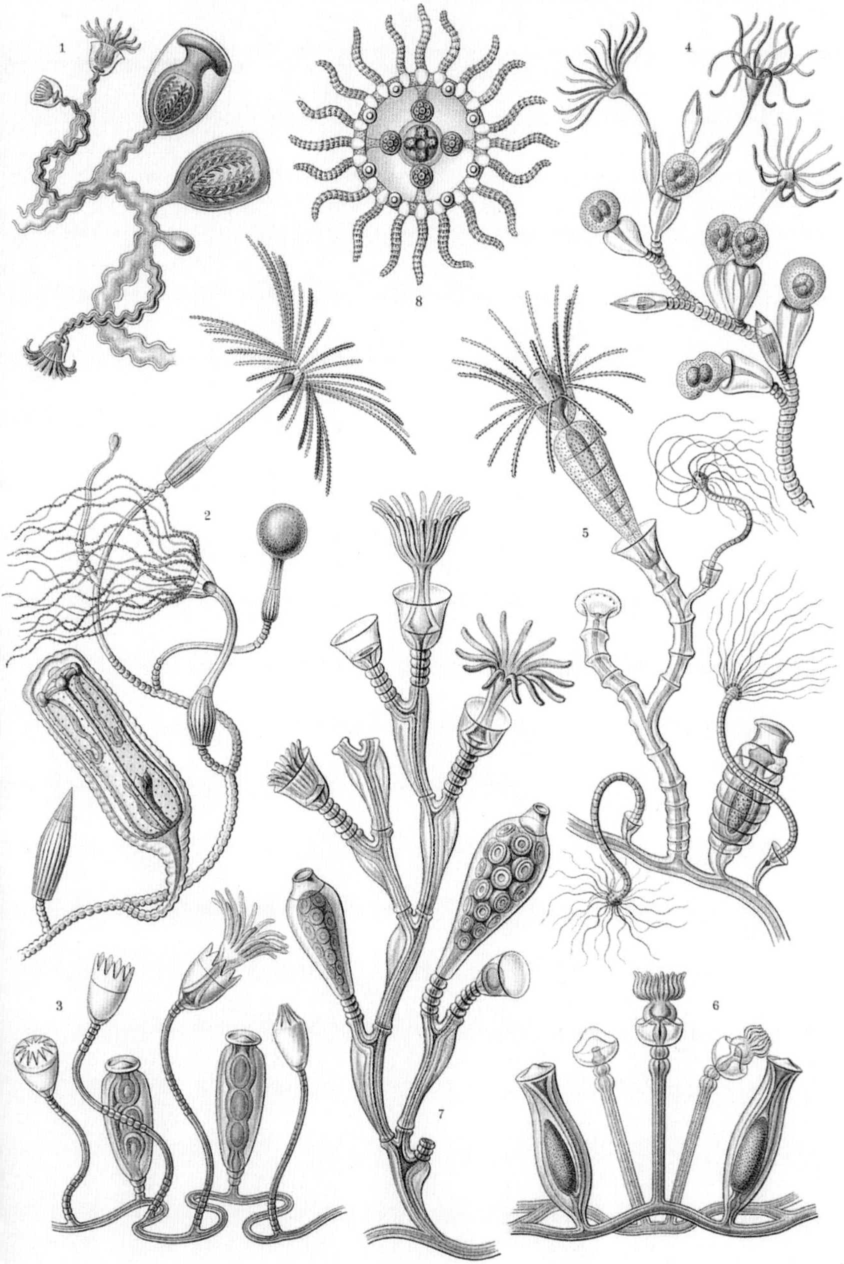
1
8
4
2
5
3
7
6

Tafel 46. Gemmaria.

Anthomedusae. Blumenquallen.

꽃해파리류

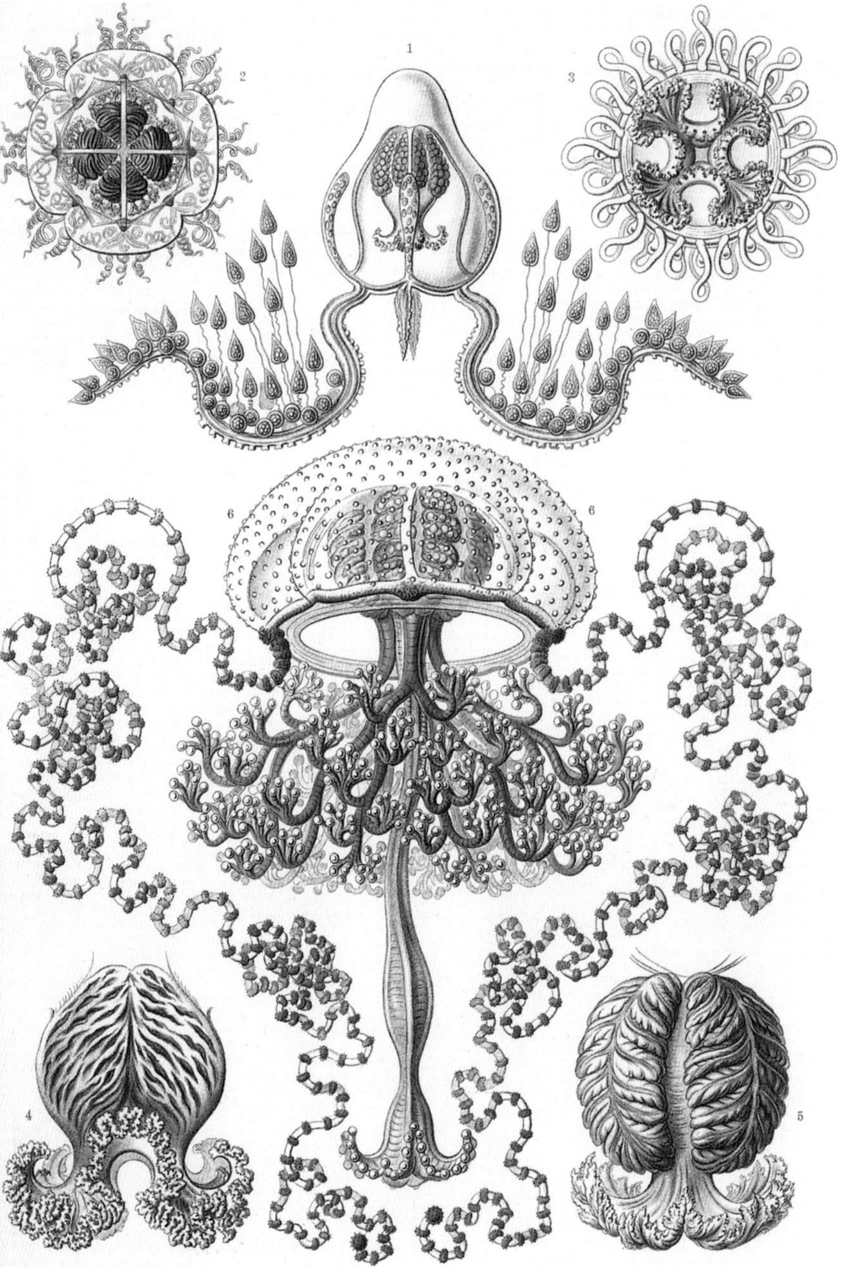
1
2
3
4
5
6
6

Tafel 47. Limulus.

Aspidonia. Schildtiere.

협각류

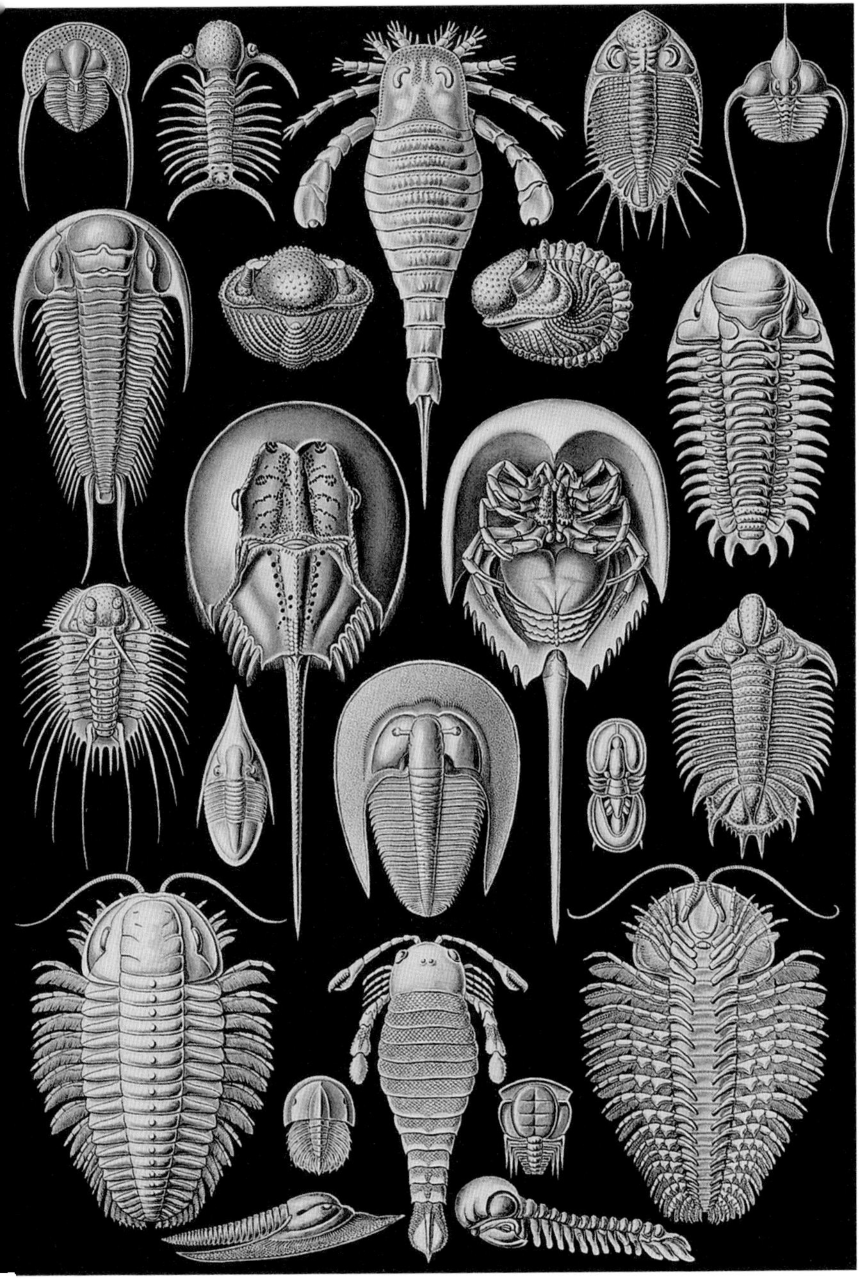

Tafel 48. Lucernaria.

Stauromedusae. Becherquallen.

십자해파리류

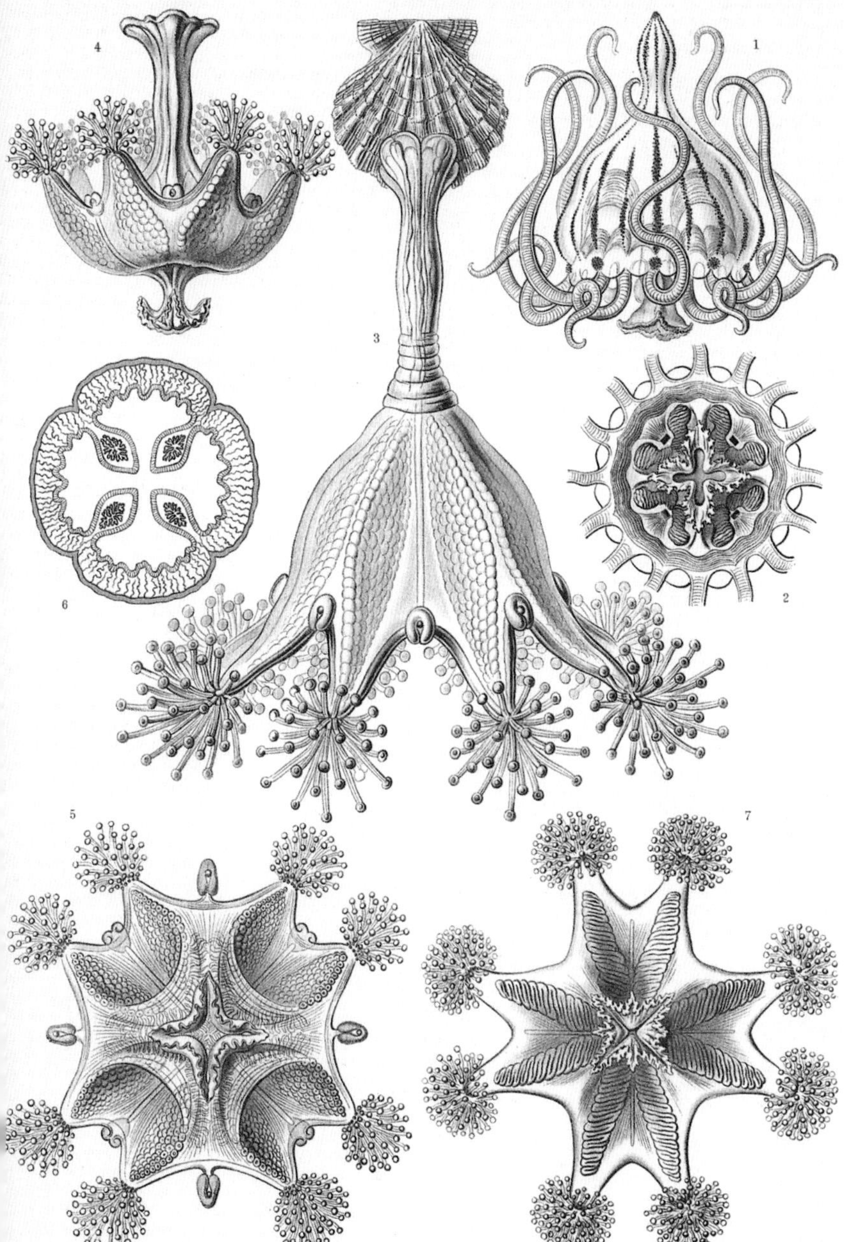
4
1
3
6
2
5
7

Tafel 49. Heliactis.

Actiniae. Seeanemonen.

말미잘

Tafel 50. Sporadipus.

Thuroidea. Gurkensterne.

해삼류

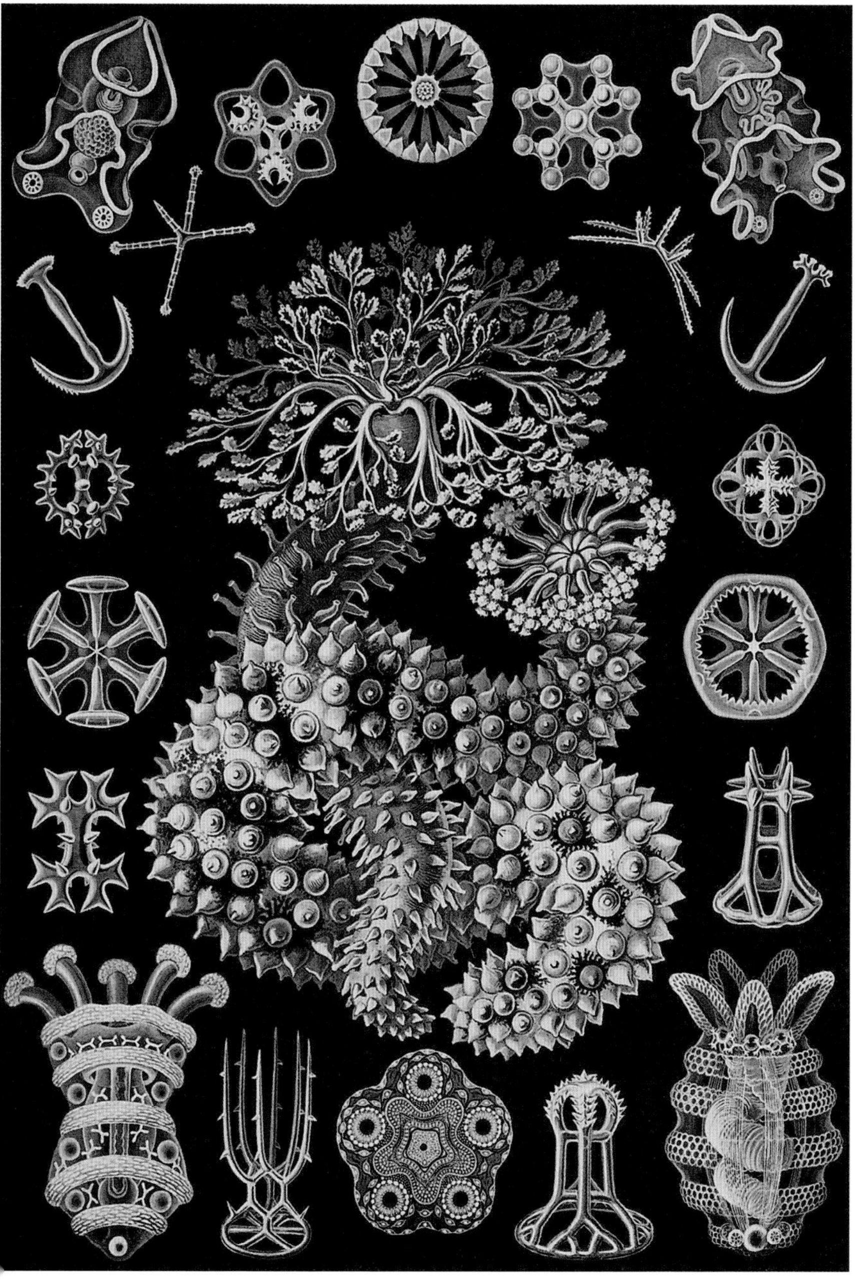

Tafel 51. Collosphaera.

Polycyttaria. Vereins- Strahlinge.

방산충

1
2
3
4
5
6
7
8
9
10
11
12

Tafel 52. Platycerium.

Filicinae. Laubfarne.

양치류

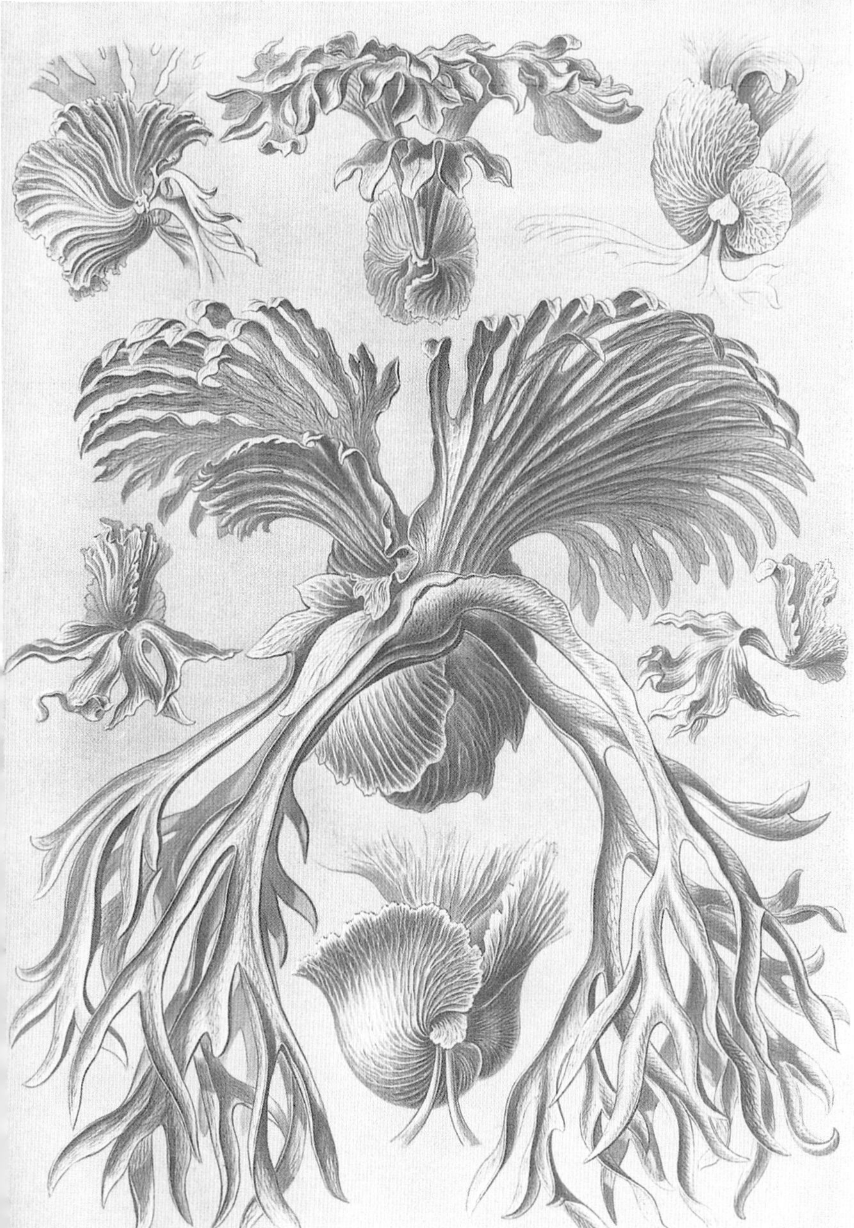

Tafel 53. Murex.

Prosobranchia. Vorderkiemen-Schnecken.

전새류

Tafel 54. Octopus.

Gamochonia. Trichterkraken.

두족류

1
2
3
4
5

Tafel 55. Cytherea.

Acephala. Muscheln.

이매패류

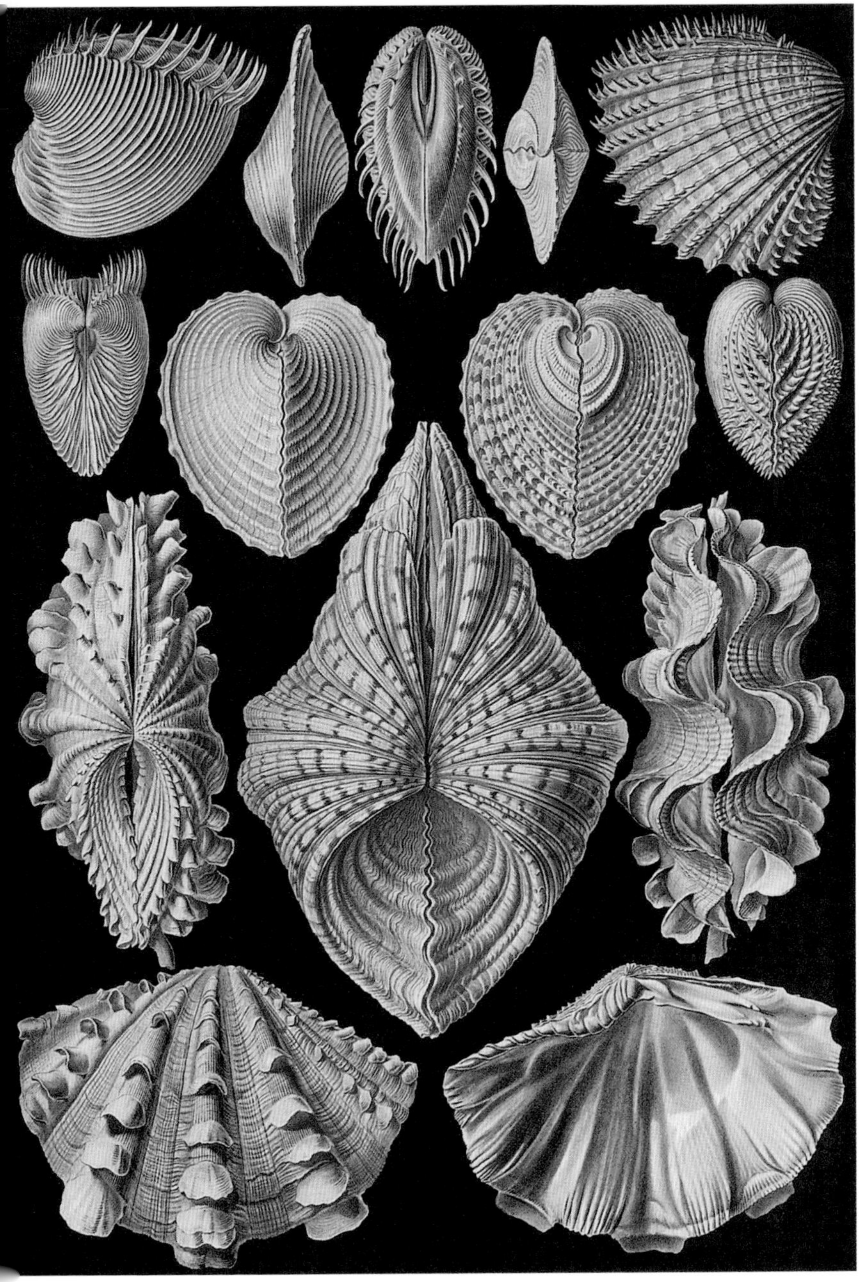

Tafel 56. Calanus.

Copepoda. Ruderkrebse.

요각류

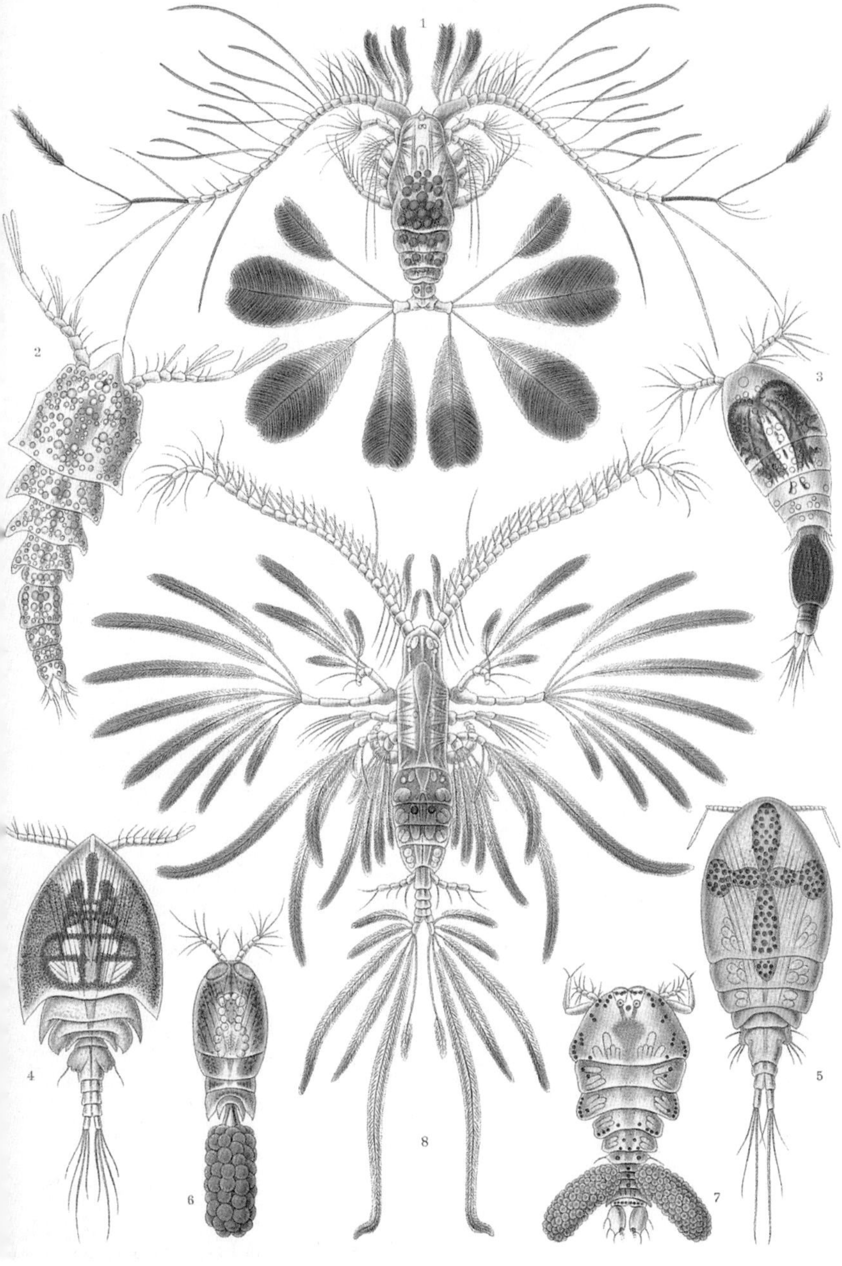

1
2
3
4
5
6
7
8

Tafel 57. Lepas.

Cirripedia. Rankenkrebse.

만각류

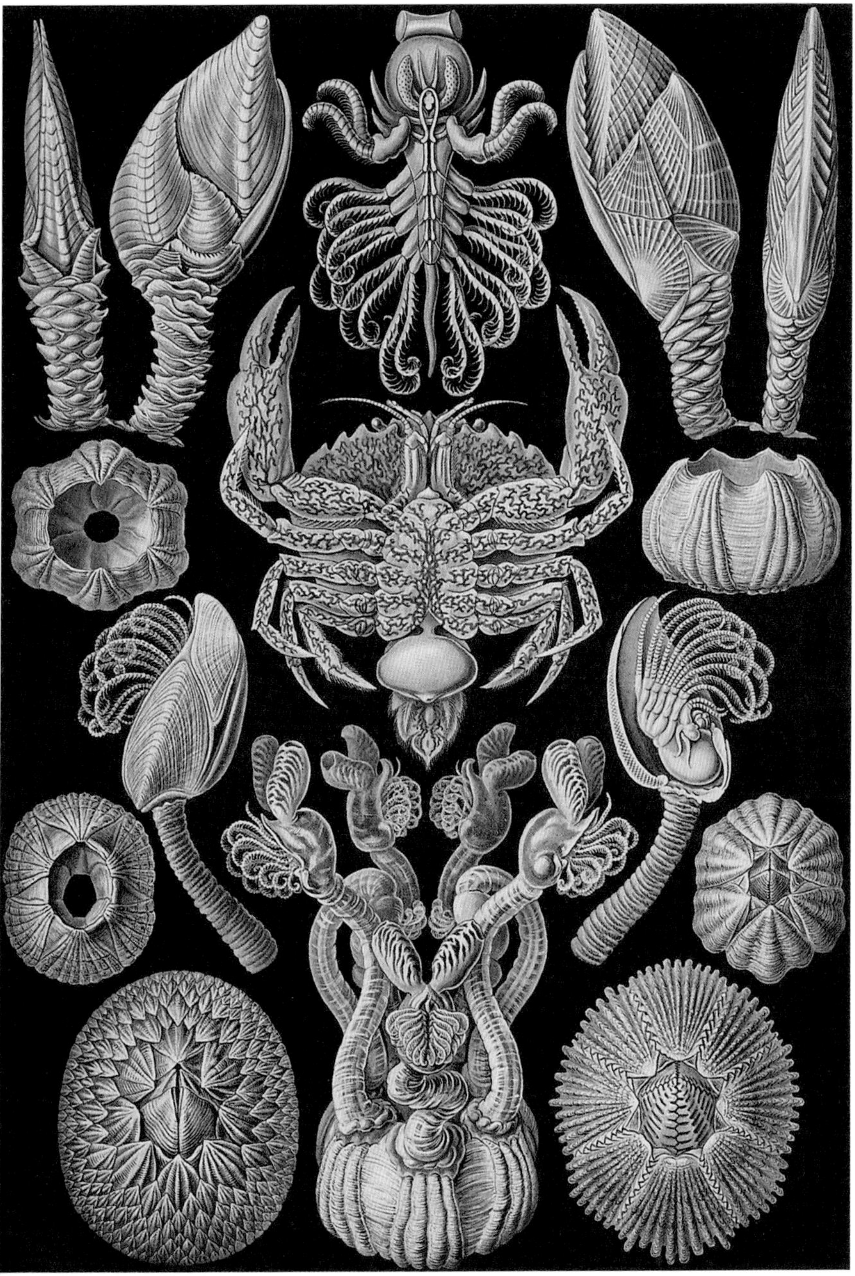

Tafel 58. Alucita.

Tineida. Motten.

곡식좀나방과

Tafel 59. Strobalia.

Siphonophorae. Staatsquallen.

관해파리류

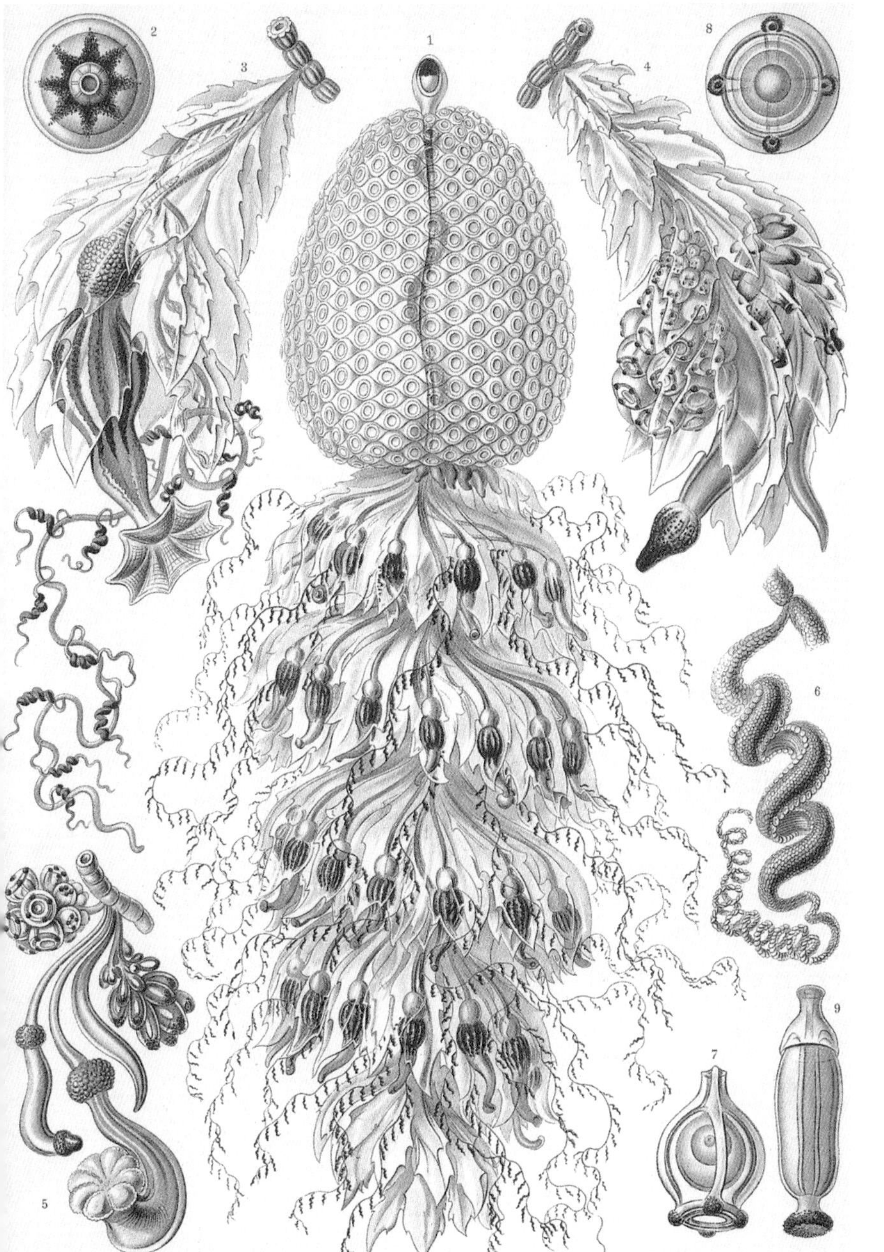

1
2
3
4
5
6
7
8
9

Tafel 60. Cidaris.

Echinidea. Igelsterne.

성게과

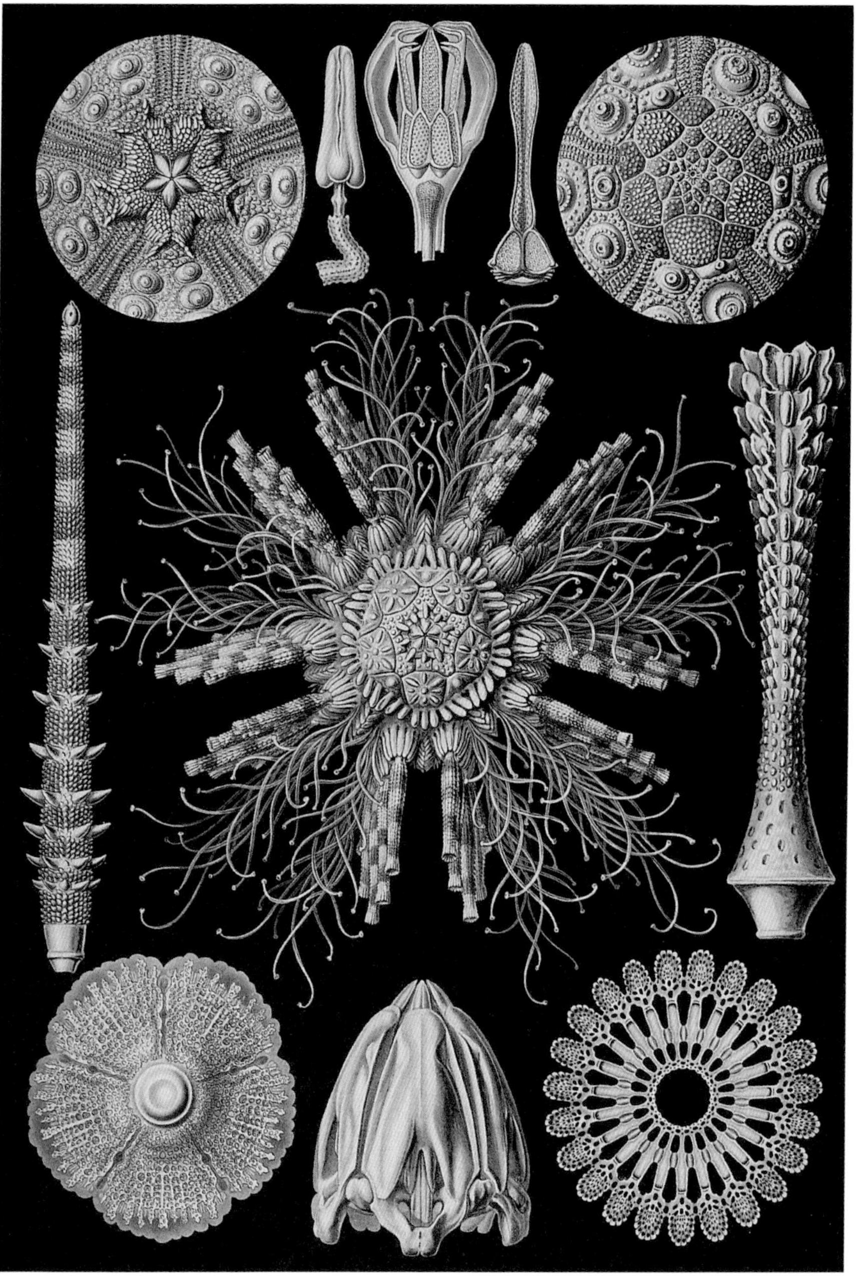

Tafel 61. Aulographis.

Phaeodaria. Rohrstrahlinge.

흑공낭충류

Tafel 62. Nepenthes.

Nepenthaceae. Kannenpflanzen.

벌레잡이통풀속

Tafel 63. Dictyophora.

Basimycetes. Schwammpilze.

담자균류

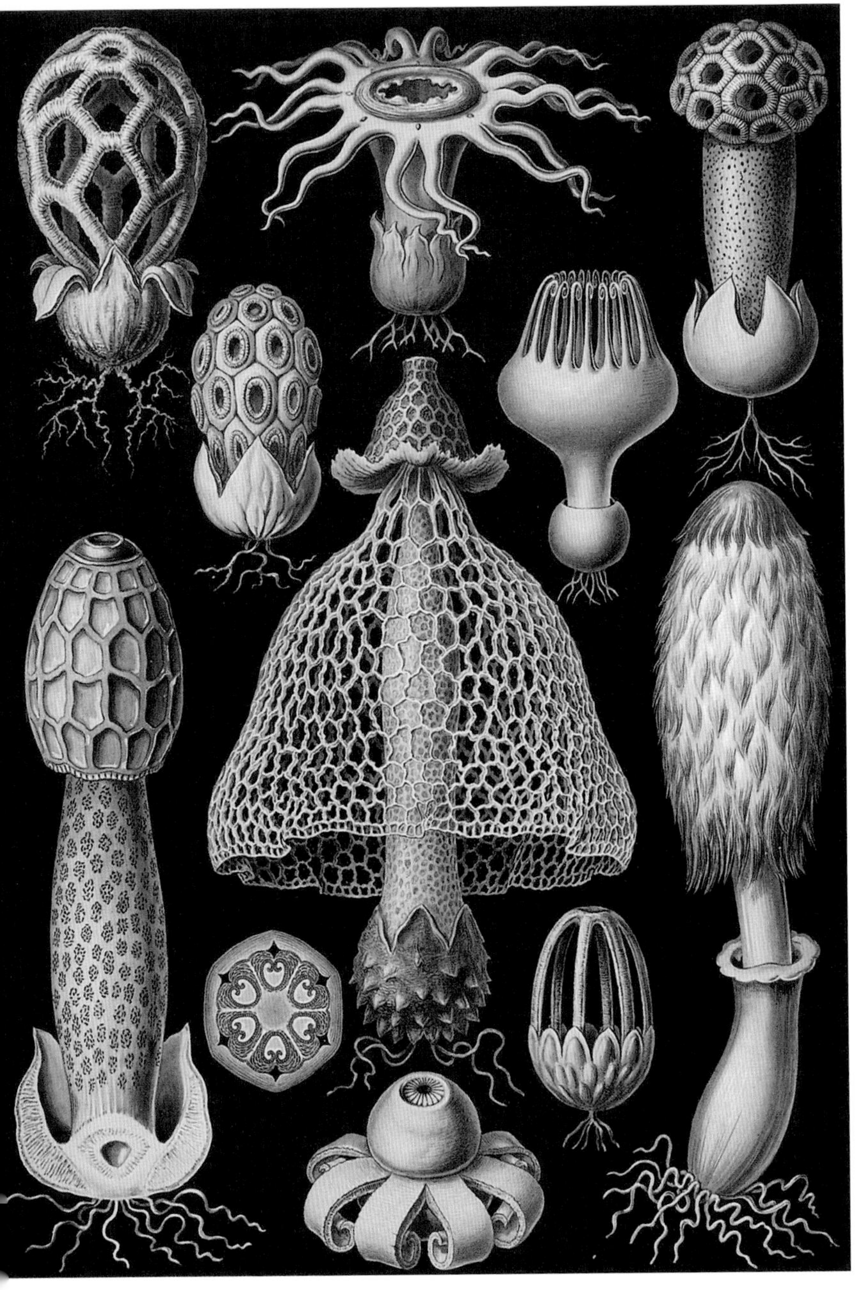

Tafel 64. Caulerpa.

Siphoneae. Riesen-Algetten.

청각류

1
2
10
3
4
9
8
7
5
11
6

Tafel 65. Delesseria.

Florideae. Rotalgen.

진정홍조류

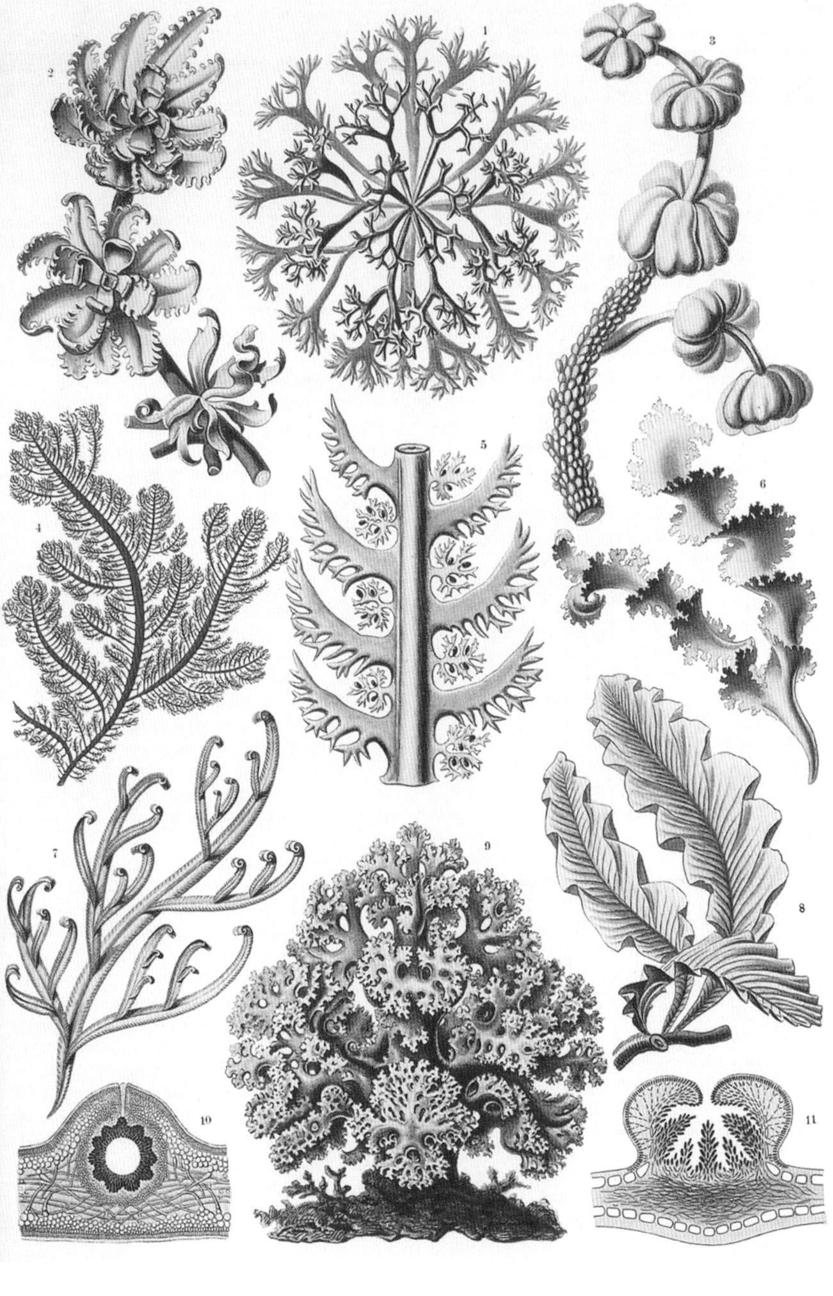
1
2
3
4
5
6
7
8
9
10
11

Tafel 66. Epeira.

Arachnida. Spinnentiere.

거미류

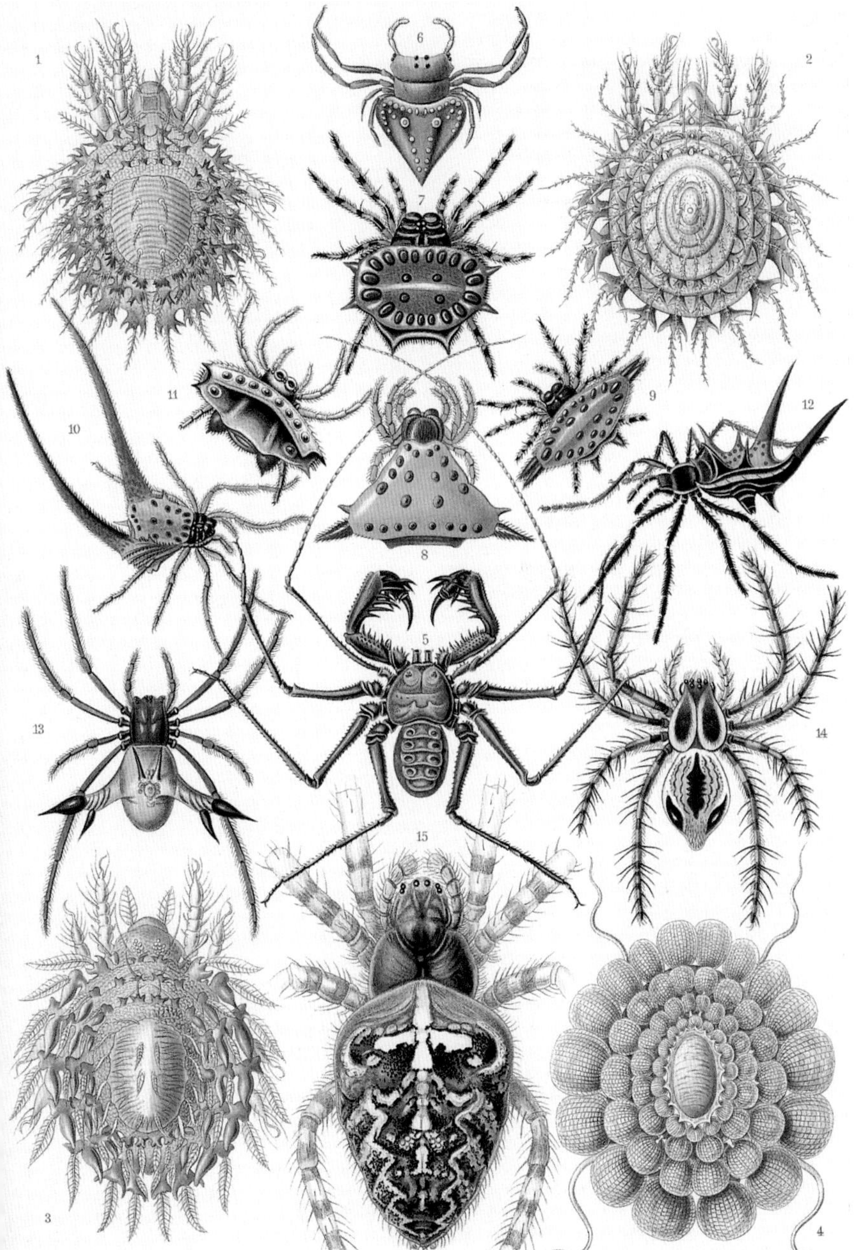
1
2
3
4
5
6
7
8
9
10
11
12
13
14
15

Tafel 67. Vampyrus.

Chiroptera. Fledertiere.

박쥐

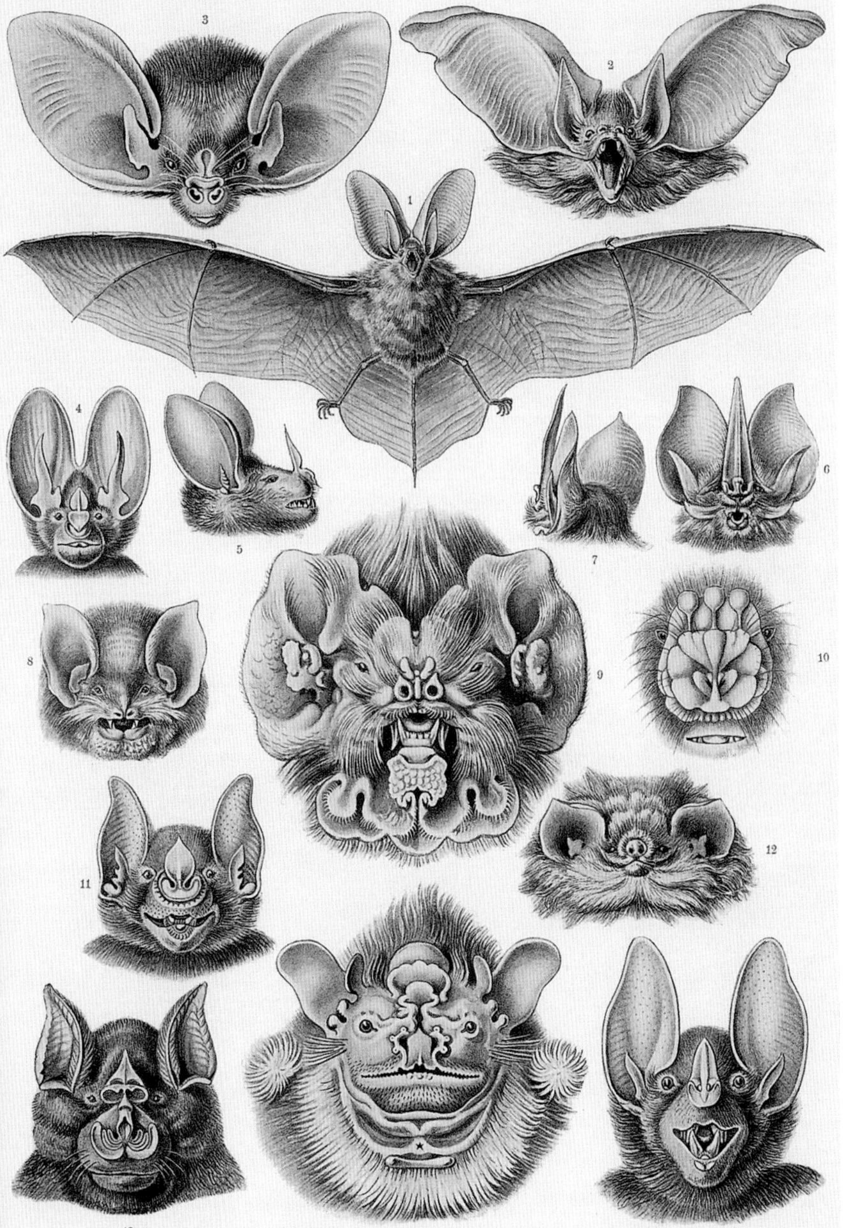

1
2
3
4
5
6
7
8
9
10
11
12
13
14
15

Tafel 68. Hyla.

Batrachia. Frösche.

양서류

Tafel 69. Turbinaria.

Hexacoralla. Sechsstrahlige Sternkorallen.

육방산호류

Tafel 70. Astrophyton.

Ophiodea. Schlangensterne.

거미불가사리류

Tafel 71. Tympanidium.

Stephoidea. Ringel-Strahlinge.

방산충류

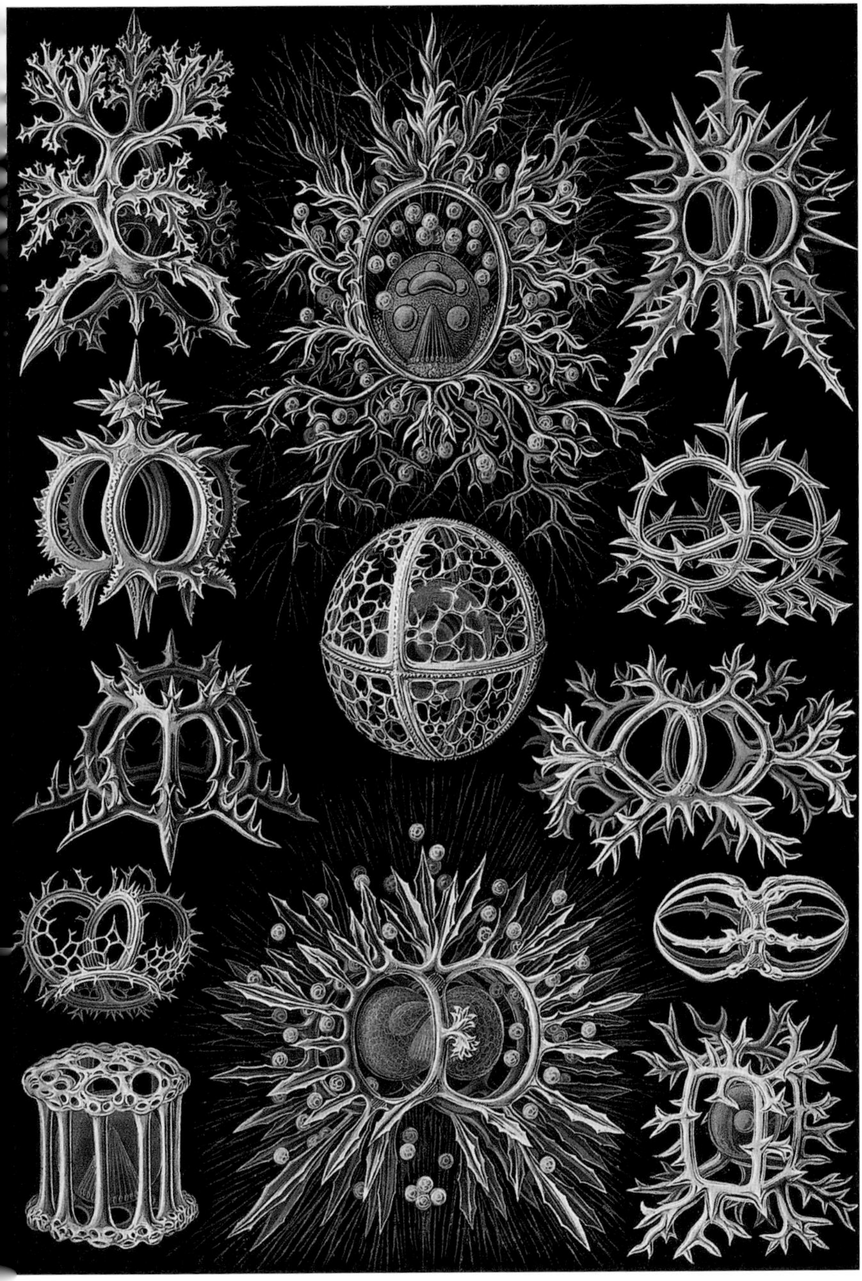

Tafel 72. Polytrichum.

Muscinae. Laubmoose.

이끼류

Tafel 73. Erysiphe.

Ascomycetes. Schlauchpilze.

자낭균류

Tafel 74. Cypripedium.

Orchideae. Venusblumen.

난류

Tafel 75. Diplozoon.

Platodes. Plattentiere.

편형동물

Tafel 76. Alima.

Thoracostraca. Panzerkrebse.

초갑류

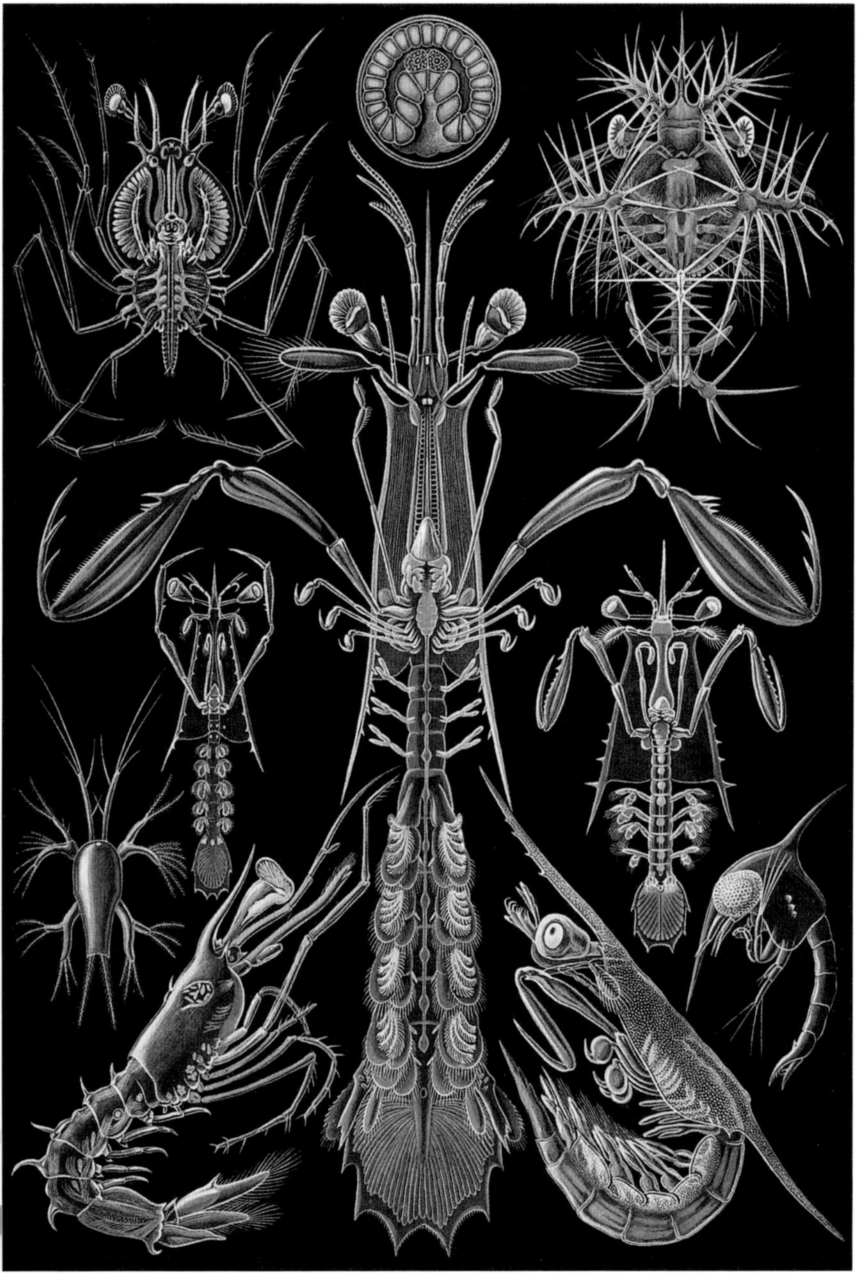

Tafel 77. Bassia.

Siphonophorae. Staatsquallen.

관해파리류

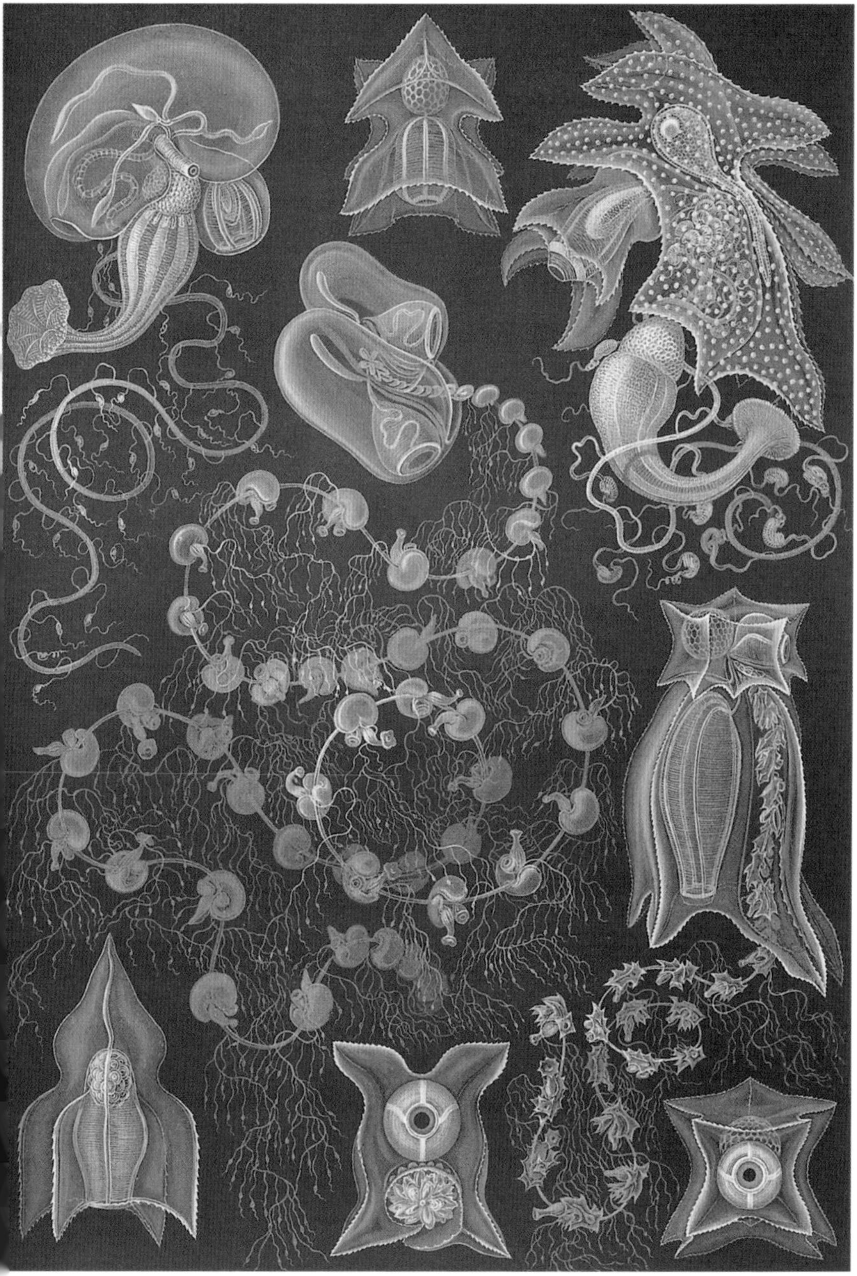

Tafel 78. Charybdea.

Cubomedusae. Würfelqualen.

상자해파리류

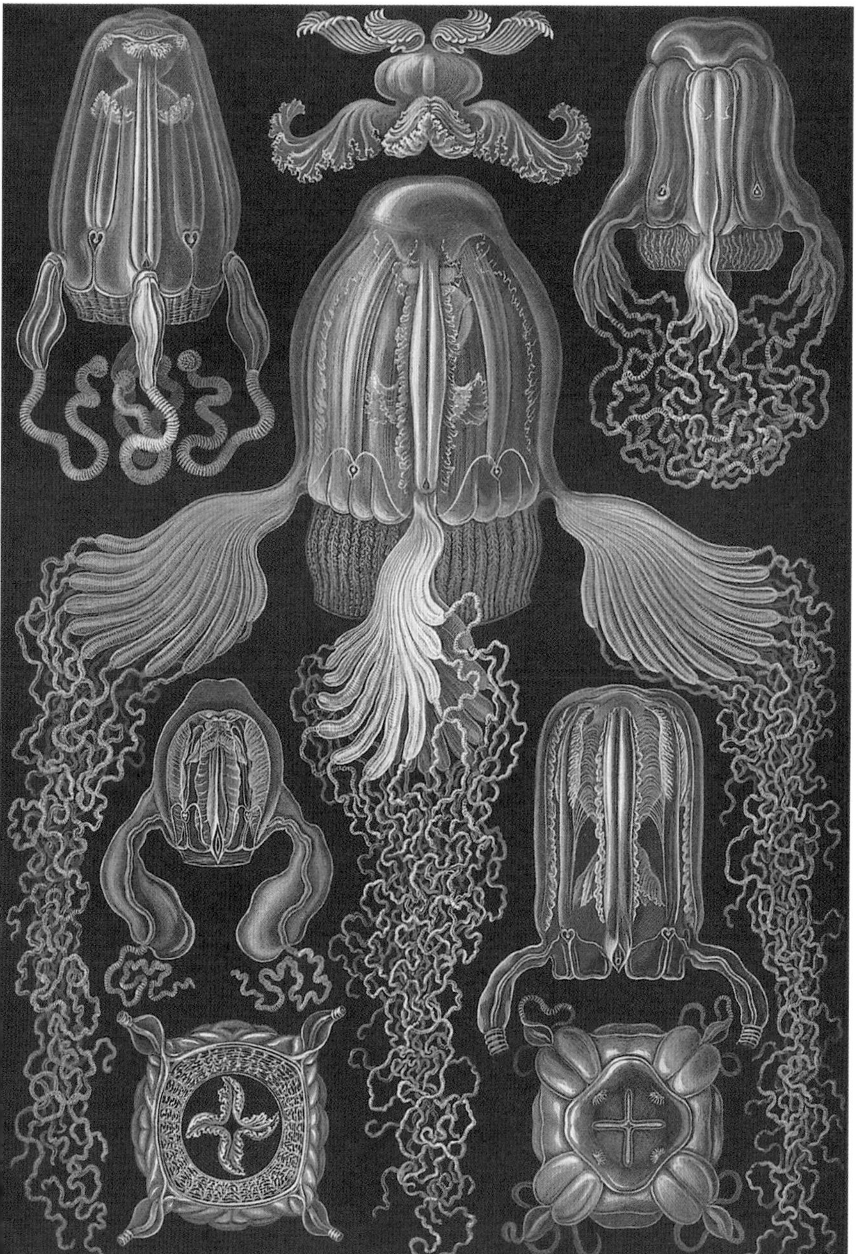

Tafel 79. Basiliscus.

Lacertilia. Eidechsen.

도마뱀아강

Tafel 80. Pentremites.

Blastoidea. Knospensterne.

바다꽃봉오리

Tafel 81. Lagena.

Thalamophora. Kammerlinge.

유공충

Tafel 82. Marchantia.

Hepaticae. Lebermoose.

우산이끼류

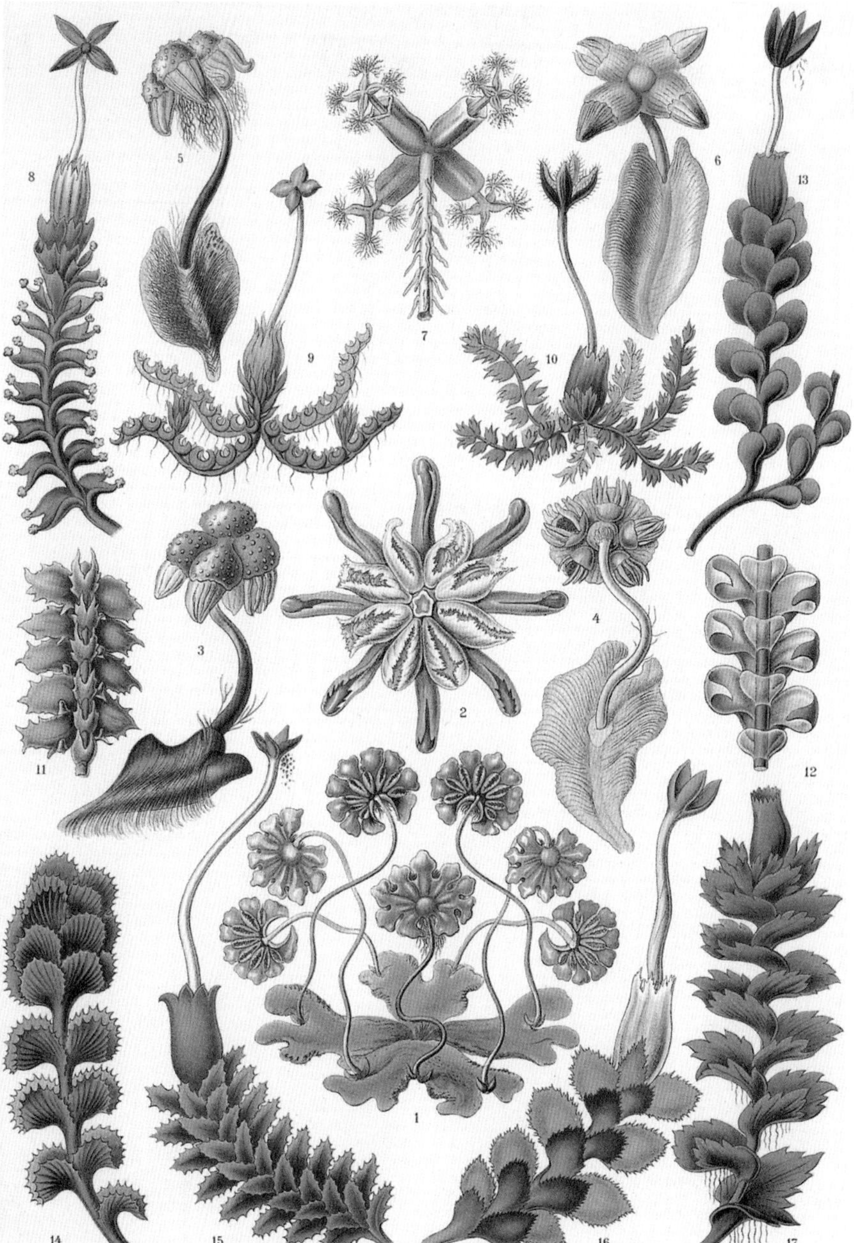

8
5
7
6
13
9
10
4
3
2
11
12
1
14
15
16
17

Tafel 83. Cladonia.

Lichenes. Flechten.

지의류

Tafel 84. Navicula.

Diatomea. Schachtellinge.

돌말류

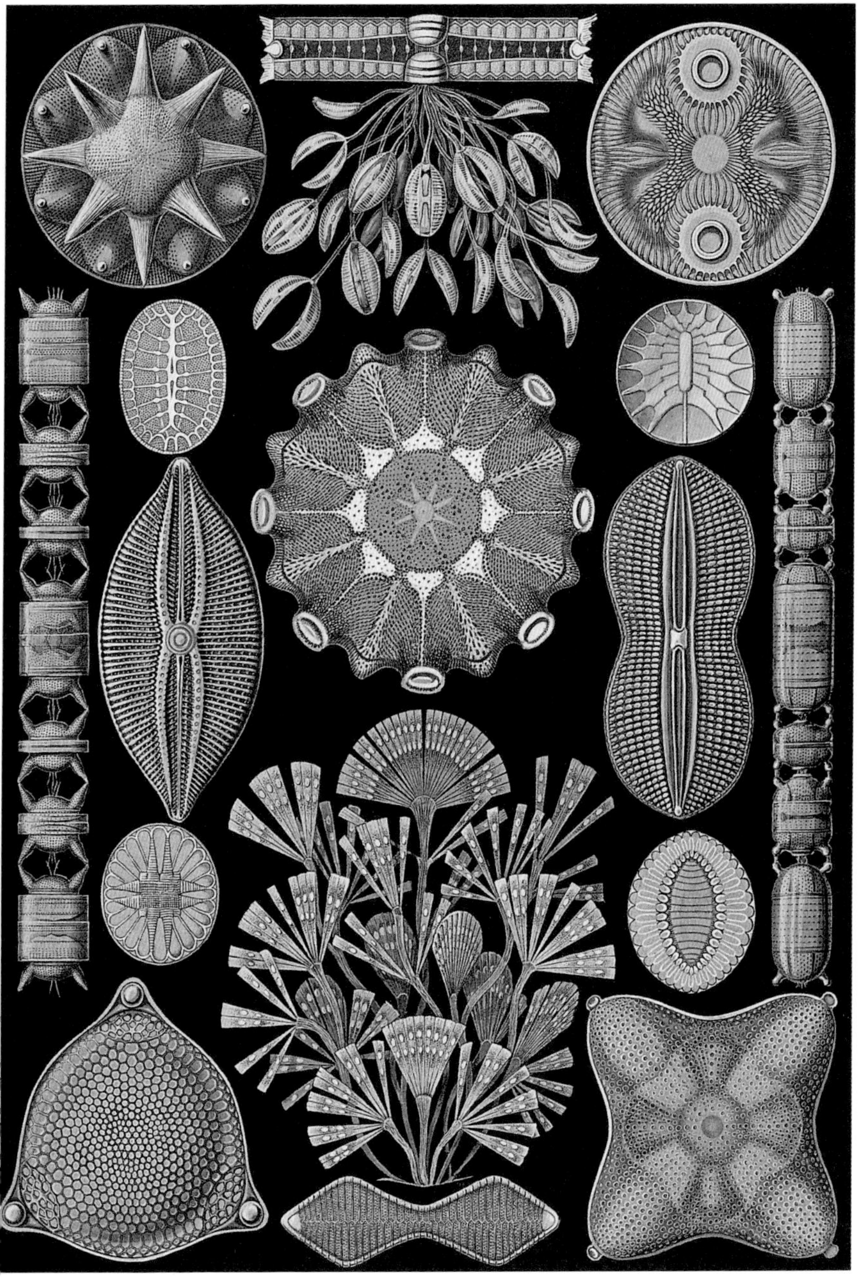

Tafel 85. Cynthia.

Ascidiae. Seescheiden.

해초류

Tafel 86. Parthenope.

Decapoda. Zehnfußkrebse.

십완상목

Tafel 87. Pegasus.

Teleostei. Knochenfische.

진골어류

Tafel 88. Pilema.

Discomedusae. Scheibenquallen.

해파리류

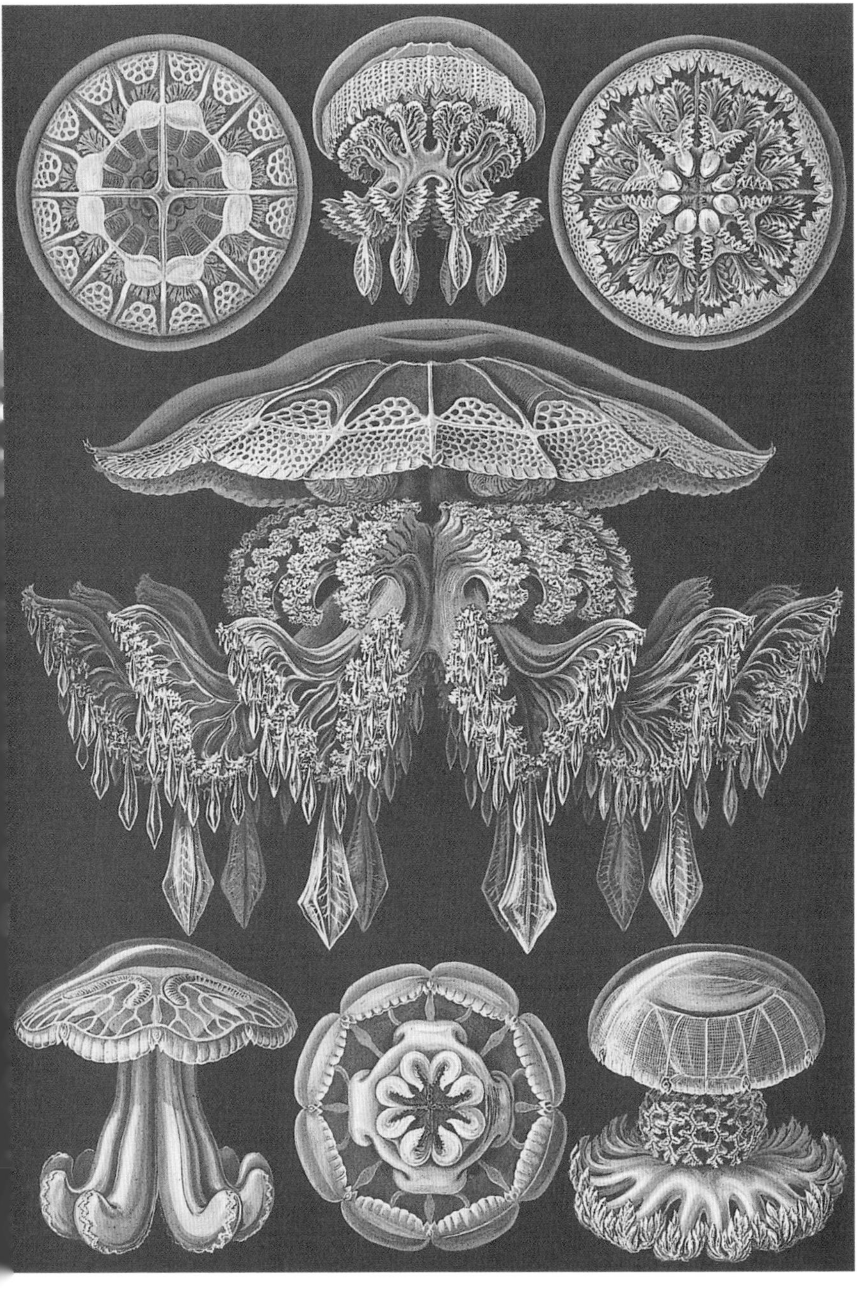

Tafel 89. Testudo.

Chelonia. Schildkröten.

거북목

Tafel 90. Callocystis.

Cystoidea. Beutelsterne.

극피동물류

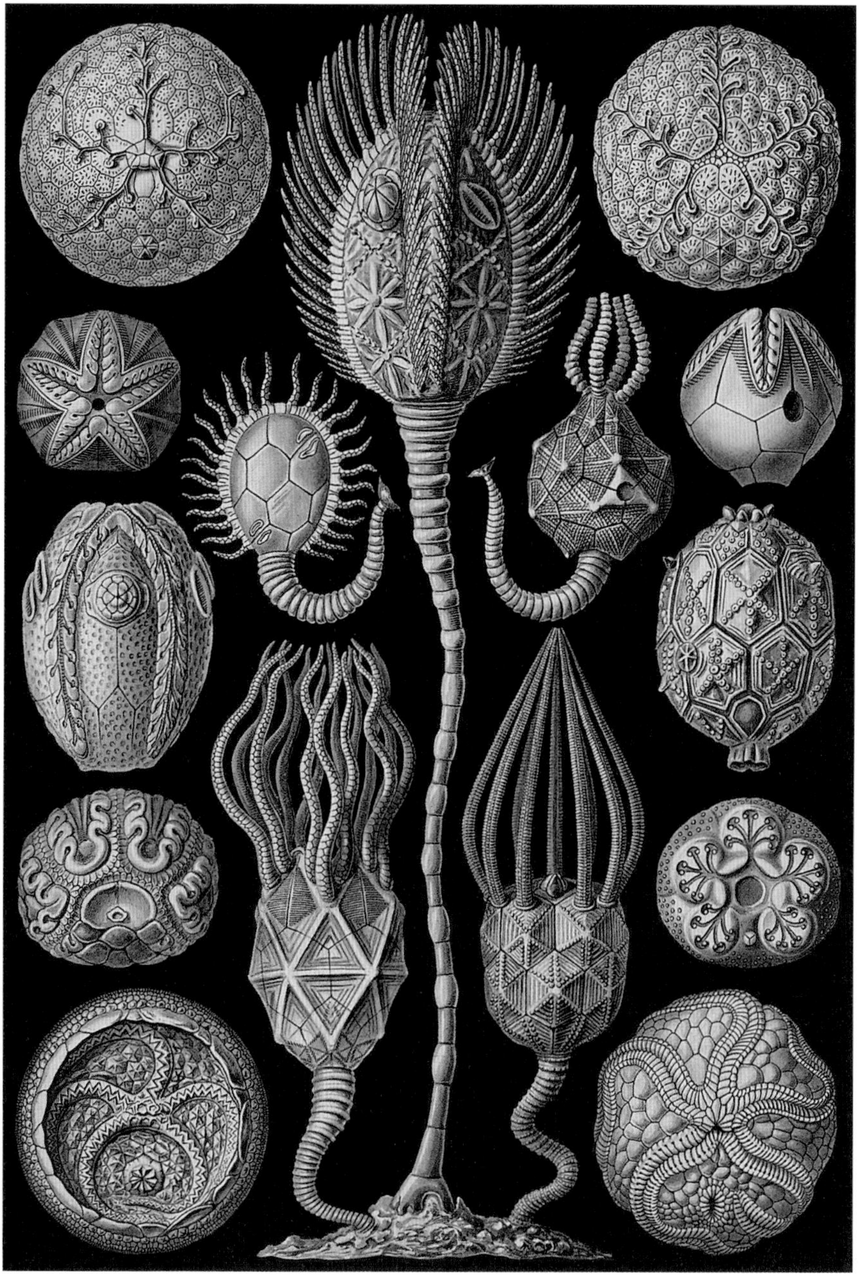

Tafel 91. Astrosphaera.

Spumellaria. Schaumstrahlinge.

방산충류

Tafel 92. Alsophila.

Filicinae. Laubfarne.

양치류

Tafel 93. Arcyria.

Mycetozoa. Pilztiere.

점균문

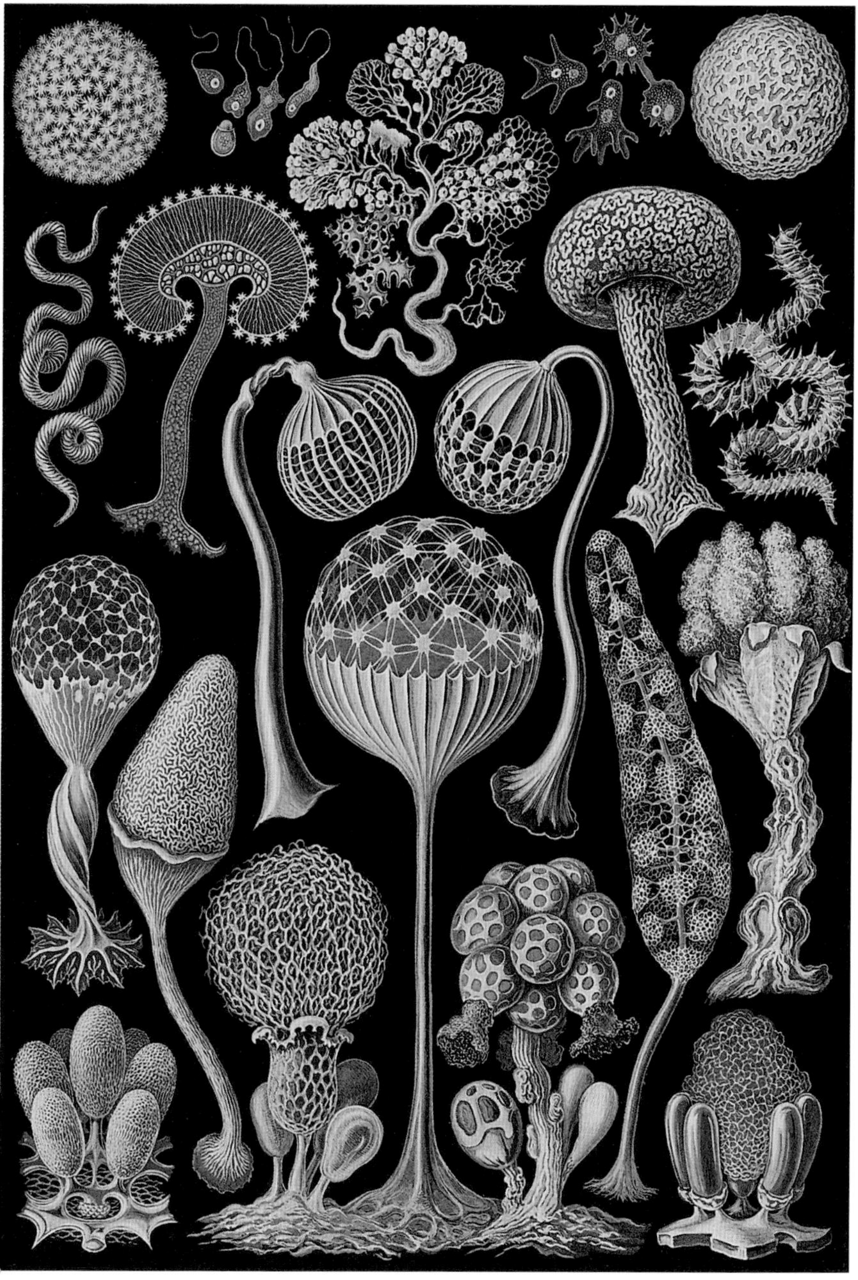

Tafel 94. Araucaria.

Coniferae. Zapfenbäume.

구과식물

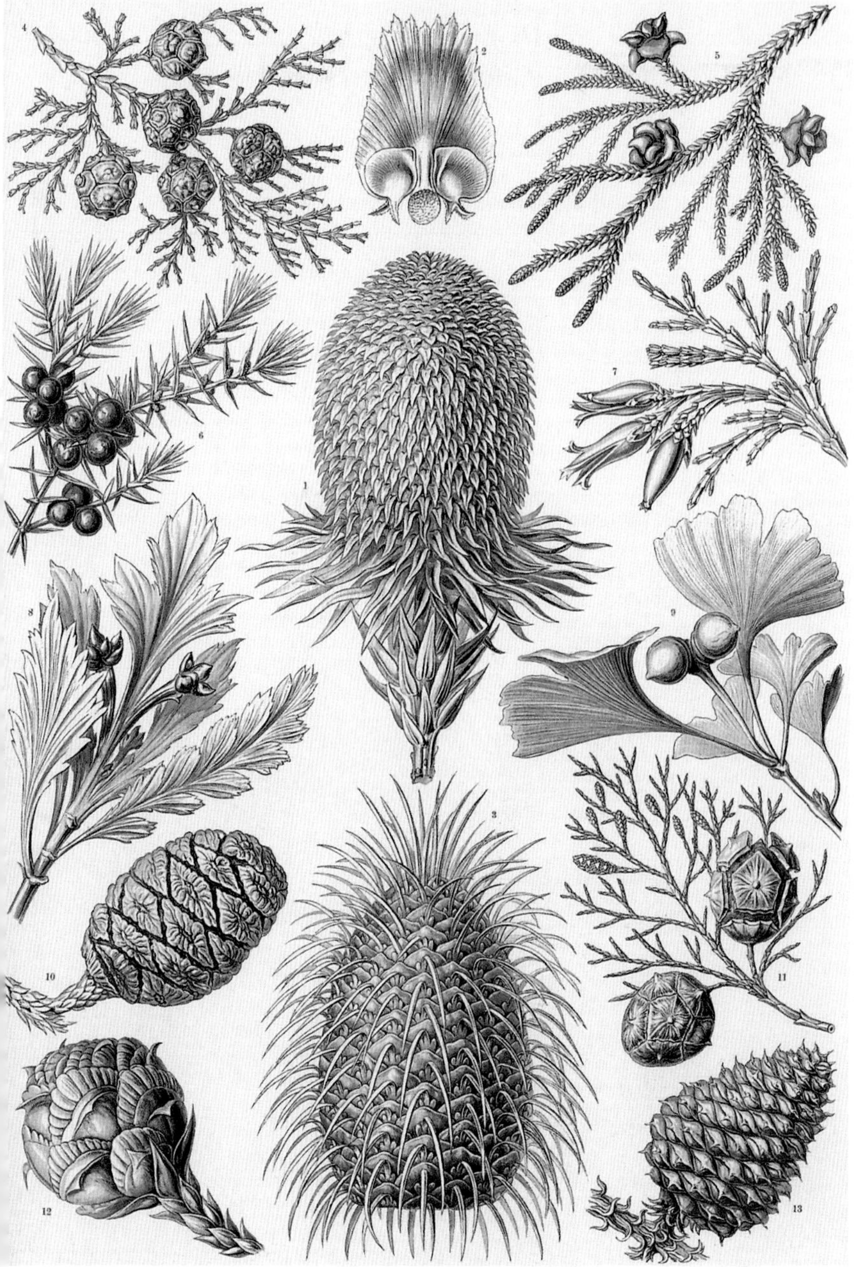

Tafel 95. Placocystis.

Amphoridea. Urnensterne.

바다사과류

Tafel 96. Sabella.

Chaetopoda. Borstenwürmer.

모족류

Tafel 97. Terebratula.

Spirobranchia. Spiralkiemer.

무갑류

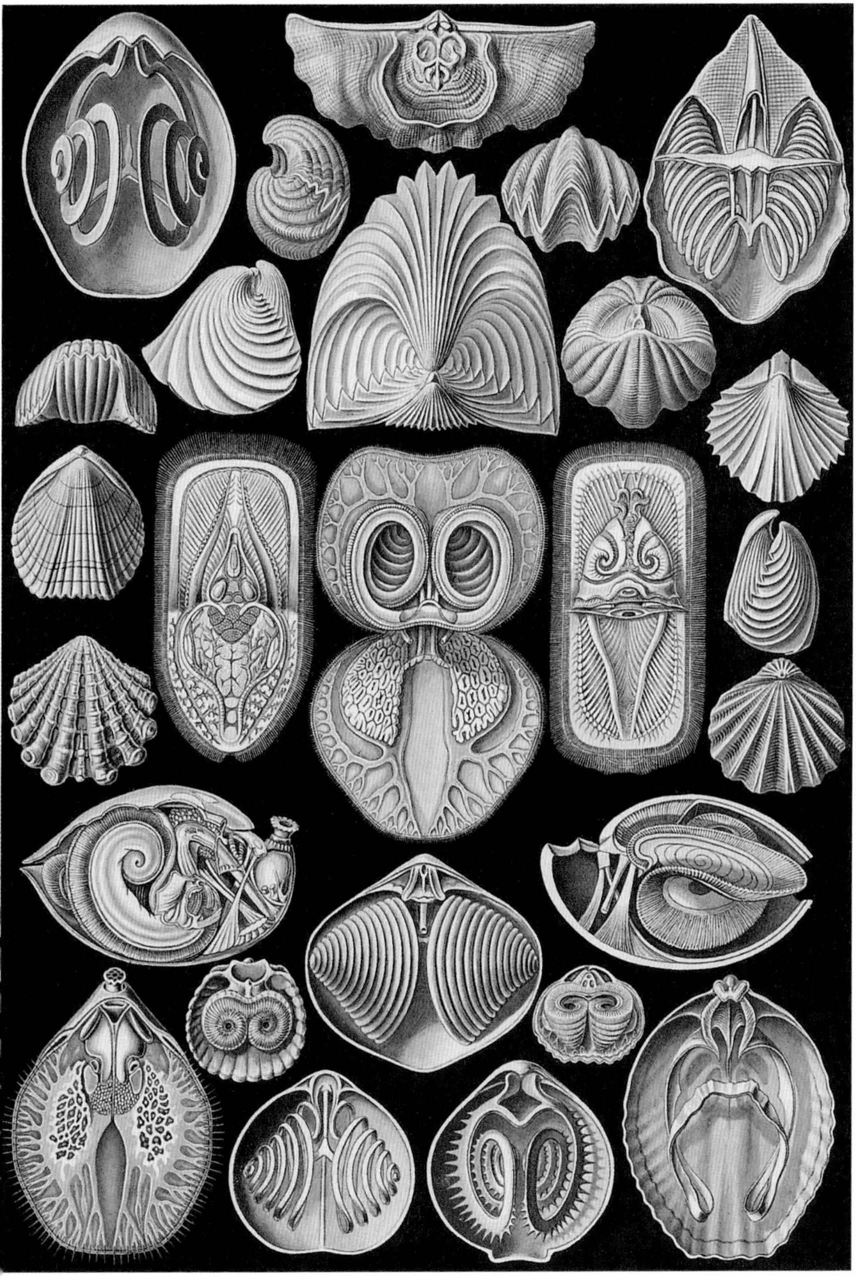

Tafel 98. Aurelia.

Discomedusae. Seibenquallen.

해파리류

Tafel 99. Trochilus.

Trochilidae. Kolibris.

벌새과

Tafel 100. Antilope.

Antilopina. Antilopen.

영양아과

1
2
3
4
5
6
7
8
9

에른스트 헤켈Ernst Haeckel(1834~1919)

독일의 생물학자이자 철학자. 해양 무척추동물을 자세하게 비교 · 연구하였으며, 다윈의 진화론에 동조하여 그 보급에 노력하였다. 개체 발생은 계통 발생을 반복한다는 생물 발생 법칙을 제창하였다. 생태학ecology이라는 용어를 처음으로 명명하였으며, 대중화시켰다. 저서에 《세계의 수수께끼》, 《생명의 경이》 따위가 있다.

생태학의 주창자 헤켈은 자연과 인간을 하나로 보았고, 자연 생명체의 아름다운 형상을 발견하고 그림으로 표현함으로써 인간의 미적 감각을 일깨워 주었다. 그 결과물인 《자연의 예술적 형상*Kunstformen der Natur*》은 예술사적 · 과학사적으로 큰 의미가 있으며, 건축가 르네가 헤켈의 그림을 토대로 파리 만국박람회장 입구를 고안해 내는 등 현재에도 예술가들에게 커다란 영향을 미치고 있다.

엄양선

숙명여자대학교 독어독문학과를 졸업하고 동대학원에서 박사 학위를 받았다. 독일 뮌스터 베스트팔렌 빌헬름 대학교에서 수학했으며, 대학에서 강의하며 번역 일을 하고 있다. 옮긴 책으로 《가장 소중한 것을 지금 하라》, 《놀이터 생각》, 《남자 심리지도》, 《봄, 여름, 가을, 겨울이 그린 마술그림》 등이 있다.

이정모

연세대학교 생화학과와 같은 대학원을 졸업했다. 독일 본대학교 화학과 박사과정을 수학했지만 박사는 아니다. 안양대학교 교수와 서대문자연사박물관 관장을 거쳐 현재 서울시립과학관 관장으로 일하고 있다. 《달력과 권력》, 《공생 멸종 진화》, 《유전자에 특허를 내겠다고?》, 《해리포터 사이언스》, 《판타스틱 과학 책장》 등을 썼으며, 《인간 이력서》, 《인간, 우리는 누구인가?》, 《매드 사이언스 북》 등의 독일어 및 영어 과학책을 우리말로 옮겼다.